Neue Katalysatorsysteme für die Hydroaminierung von Olefinen und Alkinen

Zur Erlangung des akademischen Grades eines

DOKTORS DER NATURWISSENSCHAFTEN

(Dr. rer. nat.)

der Fakultät für Chemie und Biowissenschaften des
Karlsruher Instituts für Technologie (KIT)
vorgelegte

DISSERTATION

von

Dipl.-Chem. Anja Lühl

aus Berlin

Dekan: Prof. Dr. M. Bastmeyer
Referent: Prof. Dr. P. W. Roesky
Korreferent: Prof. Dr. C. Barner-Kowollik
Tag der mündlichen Prüfung: 15.12.2011

Bibliografische Information der Deutschen Nationalbibliothek

Die Deutsche Nationalbibliothek verzeichnet diese Publikation in der Deutschen Nationalbibliografie; detaillierte bibliografische Daten sind im Internet über http://dnb.d-nb.de abrufbar.

1. Aufl. - Göttingen : Cuvillier, 2012

Zugl.: Karlsruhe (KIT), Univ., Diss., 2011

978-3-86955-992-6

Die vorliegende Arbeit wurde von 2008 bis 2011 unter Anleitung von Prof. Dr. Peter W. Roesky am Karlsruher Institut für Technologie (KIT, Campus Süd) angefertigt.

Nonnenstieg 8, 37075 Göttingen

Telefon: 0551-54724-0

Telefax: 0551-54724-21

www.cuvillier.de

1. Auflage, 2012

Gedruckt auf säurefreiem Papier

978-3-86955-992-6

Menschen zu finden, die mit uns fühlen und empfinden,
ist wohl das schönste Glück auf Erden.

Carl Spitteler (1845-1924)

Für meine Eltern

Jutta und Hans-Günther

INHALTSANGABE

I.	**ALLGEMEINER TEIL**	1
1	**Einleitung**	1
1.1	Hydroaminierung	1
1.2	Bekannte Katalysatoren für die Hydroaminierung	2
1.3	Mechanismen der verschiedenen Katalysatorsysteme	3
1.3.1	Alkali- und Erdalkalimetall-Katalysatoren	3
1.3.2	Frühe Übergangsmetall- und Lanthanoid-Katalysatoren	4
1.3.3	Späte Übergangsmetalle als Katalysatoren	5
1.4	Zink und zinkorganische Verbindungen	6
1.5	Aminotroponimine	7
1.6	Hydroaminierung mit Aminotroponiminat-Zinkkomplexen	9
1.7	Cyclopentadien und Pentamethylcyclopentadien als Liganden in der Koordinationschemie des Zinks	11
1.8	Gold in der organischen Synthese	13
2	**Aufgabenstellung**	15
3	**Zinkkatalysierte Hydroaminierung von Olefinen und Alkinen**	16
3.1	Intramolekulare Hydroaminierung mit Aminotroponiminat-Zinkkomplexen	16
3.1.1	Kenntnisstand und erste eigene Ergebnisse zur katalytischen Aktivität der Aminotroponiminat-Zinkkomplexe	17
3.1.2	Mechanistische Untersuchungen	30
3.2	Inter- und intramolekulare Hydroaminierung mit Decamethyldizinkocen, Decamethylzinkocen und Diethylzink	36
3.2.1	Intermolekulare Hydroaminierung mit Decamethyldizinkocen	36
3.2.2	Intramolekulare Hydroaminierung mit Decamethyldizinkocen	46
3.2.3	Vergleich einiger ATI-Zink-Komplexe mit Decamethyldizinkocen in der intramolekularen Hydroaminierung von Aminoalkenen	47
3.2.4	Intermolekulare Hydroaminierung mit Decamethylzinkocen und Diethylzink	48
3.2.5	Vergleich von Decamethyldizinkocen, Decamethylzinkocen und Diethylzink in der intermolekularen Hydroaminierung von Alkinen	57

4 **Goldkatalysierte Hydroaminierung von Alkinen** 59

4.1 Synthese der Goldkomplexe 59

4.2 Intermolekulare Hydroaminierung mit {(*S*)-(+)-4,12-Bis(diphenyl)phosphino-[2.2]-paracyclophan}bis[chlorogold(I)] und {(*S*)-(+)-4,13-Bis(diphenyl)-phosphino-[2.2]-paracyclophan}bis[chlorogold(I)] 60

II. **EXPERIMENTELLER TEIL** 63

1 **Allgemeines** 63

2 **Synthesevorschriften und spektroskopische Daten** 65

2.1 Synthese und Charakterisierung der Aminoalkene 65

2.2 Synthese und Charakterisierung der Aminoalkine 67

2.3 Synthese und Charakterisierung von Aminotroponimin-Liganden 69

2.4 Synthese und Charakterisierung von Aminotroponimin-Zink-Komplexen 69

2.5 Versuchsvorschriften für die Hydroaminierungsreaktionen 74

2.6 Charakterisierung der Hydroaminierungsprodukte 76

2.7 Kristallographische Daten 82

2.7.1 Datensammlung und Verfeinerung 82

2.7.2 Daten zur Kristallstrukturanalyse von [{ATI(*i*Pr)$_2$}Zn-C_6F_5] 83

III. **ZUSAMMENFASSUNG** 84

1 **Zusammenfassung** 84

2 **Summary** 88

IV. **ANHANG** 92

1 **Abkürzungsverzeichnis** 92

2 **Literaturverzeichnis** 94

3 **Persönliche Angaben** 99

3.1 Lebenslauf 99

3.2 Publikationen 100

3.3 Poster 101

3.4 Vorträge 101

I. ALLGEMEINER TEIL

1 Einleitung

1.1 Hydroaminierung

Stickstoffverbindungen, wie Amine und deren Derivate, sind in nahezu allen Bereichen der Chemie vertreten und aus diesem Grund eine wichtige Verbindungsklasse, welche in der Industrie in Form von medizinischen Wirkstoffen, Feinchemikalien, chiralen Zwischenstufen und als Grundchemikalien häufig anzutreffen sind.[1] Die Darstellung solcher Verbindungen erfolgt üblicherweise über eine Mehrstufensynthese, wobei häufig teure Ausgangmaterialien verwendet werden und größere Mengen an Abfall- und Nebenprodukten anfallen. Die Hydroaminierung, die direkte Addition einer N-H- an eine ungesättigte C-C-Bindung, bietet hierfür eine ökologisch und ökonomisch günstige Alternative zur Herstellung solcher Verbindungsklassen.[2]

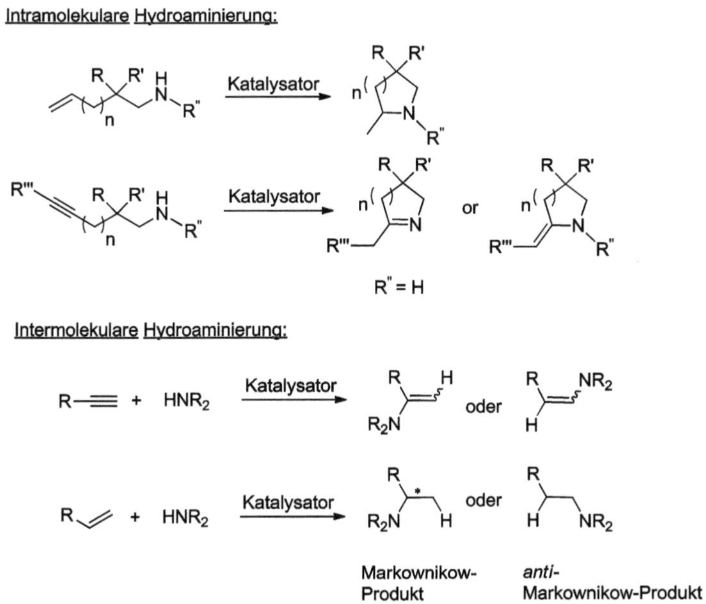

Schema 1: Intra- und intermolekulare Hydroaminierung von Olefinen und Alkinen.

Die Hydroaminierung kann intra- und intermolekular katalysiert werden (Schema 1), wobei in der intramolekularen Hydroaminierung von Aminoalkenen und Aminoalkinen zyklische Amine als Produkte erhalten werden. Die intermolekulare Hydroaminierung kann zur Bildung zweier Regioisomere führen, dem *Markownikow*- oder dem *anti-Markownikow*-Produkt.[3] Obwohl die Hydroaminierung ein exothermer Prozess ist, verläuft sie aufgrund einer hohen Aktivierungsenergie weder spontan noch durch thermische Anregung.[2g] Die direkte [2+2]-Cycloaddition von N-H-Bindungen an C-C-Mehrfachbindungen ist symmetrieverboten, kann aber über andere Reaktionswege, wie durch Verwendung geeigneter Katalysatoren, bewerkstelligt werden. Dies zeigt die zentrale Bedeutung geeigneter Katalysatorsysteme und damit die Herausforderung an die moderne Katalyseforschung.

1.2 Bekannte Katalysatoren für die Hydroaminierung

Die Hydroaminierung kann durch eine Vielzahl an Katalysatoren, die auf verschiedensten Metallen basieren, katalysiert werden.[1, 2b, 2e, 2k, 3-4] Zu ihnen zählen Alkali- und Erdalkalimetalle, Metalle der frühen und der späten Übergangsmetalle sowie der Lanthanoide und Actinoide. Es existieren somit drei unterschiedliche Arten von Metallkatalysatorsystemen für die Hydroaminierung, die sich sowohl in ihren Eigenschaften als auch in ihren Mechanismen unterscheiden. Die folgendende Tabelle 1 zeigt eine Zusammenfassung über die Vor- und Nachteile der einzelnen Systeme.

Tabelle 1: Eigenschaften der bekannten Katalysatorklassen.

	Alkali-/ Erdalkalimetalle	frühe Übergangsmetalle/ Lanthanoide	späte Übergangsmetalle
Reaktivität	niedrig	sehr hoch	niedrig
Toleranz fkt. Gruppen	kaum vorhanden	niedrig	hoch
Preis	sehr günstig	relativ günstig	teilweise sehr teuer
Toxizität	ungiftig	(un)giftig	teilweise sehr giftig

Die preiswerten Alkali- und Erdalkalimetallkatalysatoren benötigen meist hohe Drücke und Temperaturen um moderate Umsätze zu erzielen und ihre Nucleophilie und Basizität schränken ihr Anwendungsspektrum zudem ein. Im Fall der frühen Übergangsmetalle sowie den Lanthanoiden, bei denen aufgrund der hohen Aktivität meist schon eine geringe Katalysatorbeladung ausreicht, wird durch ihre hohe Oxophilie nur eine geringe Toleranz gegenüber polaren funktionellen Gruppen erreicht, zudem sind sie entsprechend empfindlich gegenüber Luft und Feuchtigkeit. Die späten Übergansmetalle verfügen zwar über eine große Toleranz gegenüber funktionellen Gruppen, müssen allerdings aufgrund ihrer geringen Aktivität oftmals stöchiometrisch eingesetzt werden. Die einzelnen Vor- und Nachteile zeigen, dass es noch keine idealen Katalysatorsysteme für eine breite Anwendung in der Hydroaminierung gibt. Deshalb ist die Katalyseforschung auf diesem Gebiet von hohem Interesse.

1.3 Mechanismen der verschiedenen Katalysatorsysteme

1.3.1 Alkali- und Erdalkalimetall-Katalysatoren

Die Hydroaminierung kann durch Alkylmetallverbindungen, wie Butyllithium,[5] Metallamide,[6] Metallhydride[7] und elementare Metalle,[8] die *in situ* zu Metallamiden reagieren, katalysiert werden. Folgender Mechanismus wird für die Katalyse angenommen (Schema 2). Die Alkylmetallverbindung (MR')/das Metall (M) reagiert mit dem Amin zu einem Metallamid **I**, welches mit einem unaktivierten Olefin **II** zur Alkylmetallverbindung **III** reagiert. Diese kann dann von einem weiteren Aminmolekül protoniert werden und es bilden sich das Additionsprodukt **IV** und die Metallamidspezies **I**, welche von neuem in den Katalysezyklus eintreten kann.

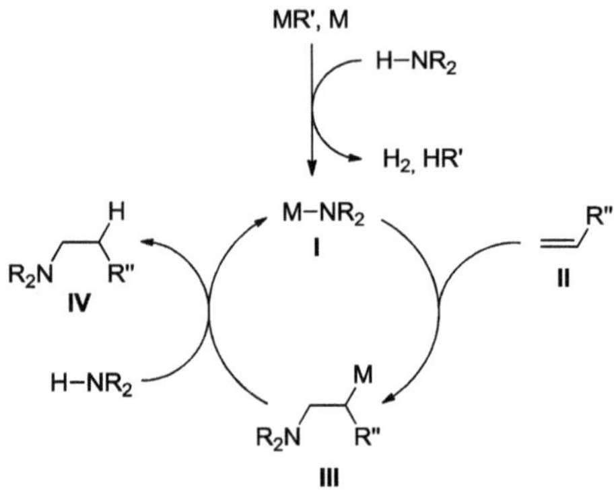

Schema 2: Katalysezyklus für die Aktivierung des Amins durch Deprotonierung.[9]

1.3.2 Frühe Übergangsmetall- und Lanthanoid-Katalysatoren

Vor 1989 waren Organolanthanoid-Komplexe des Typs Cp*LnR (Cp* = η^5-C_5Me_5, Ln = La, Nd, Sm, Y und Lu) nur für Polymerisationsreaktion von Olefinen bekannt.[10] *Marks et al.* erkannten 1989 ihren Nutzen für die intramolekulare Hydroaminierung nicht-aktivierter Olefine.[11] Der Mechanismus verläuft im ersten Schritt über eine Aktivierung des Stickstoffatoms durch den Präkatalysator **A** wobei die Metallamidspezies **B** entsteht. Durch Insertion der Doppelbindung in die Ln-N-Bindung entsteht über einen zyklischen Übergangszustand die Alkylmetallspezies **C**. Die rasche Protonierung durch ein weiteres Substratmolekül führt zum Zyklisierungsprodukt **D** und zur Rückbildung der aktiven Metallamidspezies **B** (Schema 3).[2k, 12]

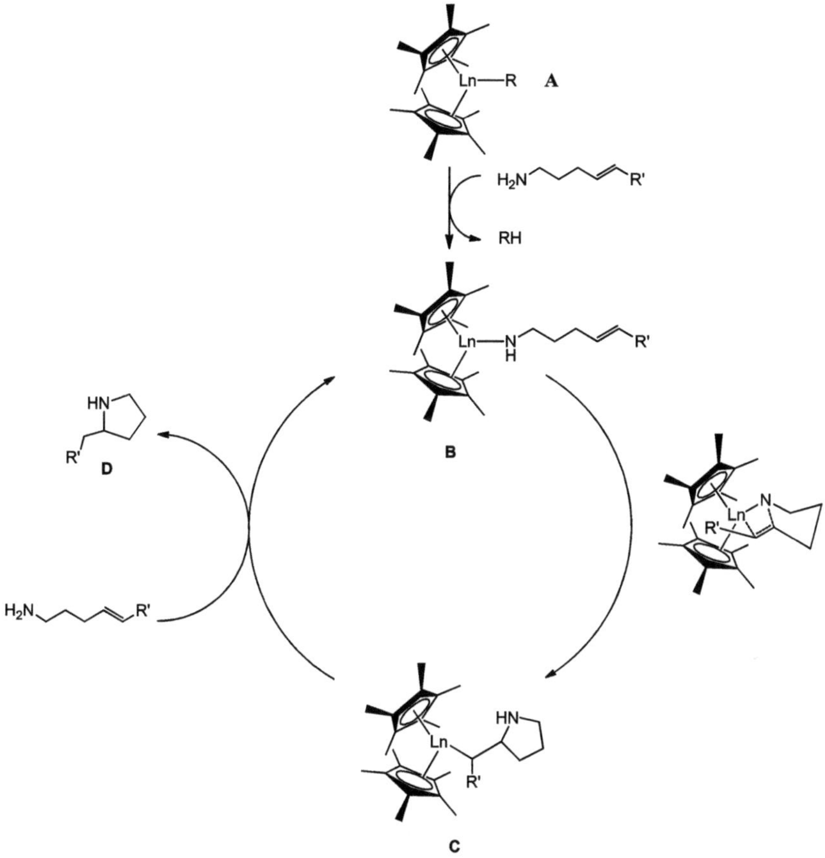

Schema 3: Mechanismus der Lanthanoid-katalysierten Hydroaminierung von Olefinen.

1.3.3 Späte Übergangsmetalle als Katalysatoren

Im Fall der Elemente der späten Übergangsmetalle wie Palladium,[13] Platin,[14] Kupfer,[15] Gold[16] und Quecksilber[17] hingegen wird die Hydroaminierung durch Anlagerung der Doppelbindung an das Metallzentrum induziert, wodurch der σ-Alkylmetallkomplex (**II**) gebildet wird (Schema 4).

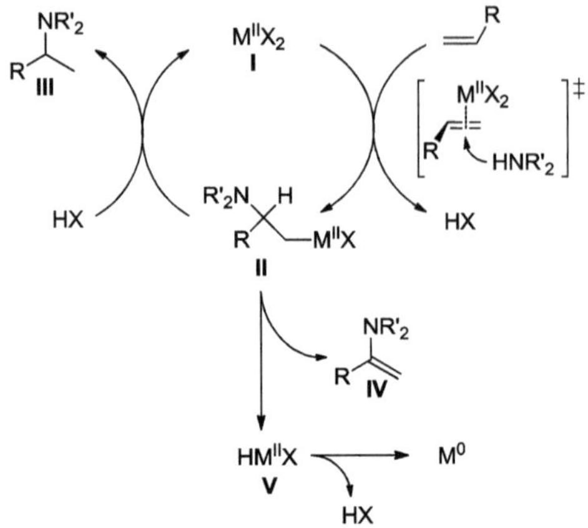

Schema 4: Olefin-aktivierte Hydroaminierung ähnlich dem Wacker-Prozess.[18]

Durch Protolyse der M-C-Bindung entsteht das gewünschte Produkt (**III**) und die Metallspezies (**I**) wird zurückgebildet. Diese kann nun erneut in den katalytischen Kreislauf eintreten. Eine unerwünschte Nebenreaktion ist die *β*-Hydrideliminierung, bei der unter Abspaltung des Enamins (**IV**) die Hydridometallhalogenspezies (**V**) entsteht. Diese reagiert nach reduktiver Eliminierung zum elementaren Metall.

1.4 Zink und zinkorganische Verbindungen

Zink, ein Element der zwölften Gruppe, ähnelt aufgrund seiner Elektronenkonfiguration $[Ar]3d^{10}4s^2$ in seinen Eigenschaften den Erdalkalimetallen, insbesondere dem Magnesium und kommt in der Natur gebunden als Sulfid (z.B. ZnS) oder Oxosalz (z.B. $ZnCO_3$) vor.[19] Bei Raumtemperatur handelt es sich um ein sprödes bläulich-weißes Metall. In der Natur stellt Zink einen wichtigen Bestandteil vieler Enzyme dar und ist daher für Menschen, Tiere, Pflanzen und Mikroorganismen essentiell. Der Mensch enthält ca. 40 mg Zink pro kg Körpergewicht und benötigt täglich etwa 22 mg Zink. Neben Eisen und Kupfer ist Zink aufgrund seiner Häufigkeit und seiner nicht-toxischen Eigenschaften eines der am meisten verwendeten Metalle. Es dient unter anderem für die Erzeugung von Zink-Legierungen, zur Verzinkung von Eisenblech und zur Herstellung von Farbe (z.B. Zinkweiß, ZnO).

Die erste zinkorganische Verbindung wurde 1849 von *E. Frankland* entdeckt und war damit die erste metallorganische Verbindung überhaupt.[20] Beim Versuch, aus Alkyliodiden mit Hilfe von Zink die Radikale $Me^{\bullet}$ und $Et^{\bullet}$ herzustellen, entdeckte er die Zinkalkyle $ZnMe_2$ und

$ZnEt_2$. Heutzutage sind Verbindungen mit Zink-Kohlenstoff-Bindung aus der organischen Synthese nicht mehr wegzudenken.[21]

$$2\,Zn + 2\,RX \xrightarrow{\Delta} ZnR_2 + ZnX_2$$

$$ZnX_2 + 2\,RMgX \xrightarrow{\Delta} ZnR_2 + 2\,MgX_2 \qquad X = Cl, Br, I;\; R = \text{Organyl}$$

$$2\,RLi + ZnX_2 \xrightarrow{\Delta} ZnR_2 + 2\,LiX$$

Schema 5: Darstellung zinkorganischer Verbindungen.

Aufgrund der höheren Elektronegativitätsdifferenz von Lithium- und Magnesium-Kohlenstoff-Bindungen im Vergleich zu Zink-Kohlenstoff-Bindungen besitzen Zinkorganyle eine geringere Reaktivität gegenüber Elekrophilen und sind deswegen sehr viel weniger reaktiv als Alkyllithium- oder Grignardreagenzien. Gleichzeitig steigt dadurch ihre Selektivität und die Toleranz gegenüber funktionellen Gruppen.[22] Zinkorganyle sind vergleichsweise thermostabil und lichtbeständig und liegen in Form von farblosen, gut löslichen, unpolaren Verbindungen vor. Zinkorganyle treten anders als ihre Lewis-acideren Magnesium-Analoga stets monomer mit linearem Molekülbau R-M-R auf. Mit Donoren D wie Ethern und Aminen bilden sie Komplexe des Typs $[R_2MD]$ und $[R_2MD_2]$, mit Organylanionen Komplexe des Typs $[R_2MD]^-$ und $[R_2MD_2]^{2-}$.[19] Aufgrund ihrer Eigenschaften haben sie eine breite Anwendung in der organischen Synthese gefunden.[23]

1.5 Aminotroponimine

Aminotroponimine {ATI(RR´)H} (**I**) gehören zu den „nichtbenzoiden Aromaten".[24] Sie besitzen sechs delokalisierte π-Elektronen, die in einem Siebenring konjugiert sind. In den 60er Jahren führten *DuPont* erstmals Aminotroponiminate $\{ATI(RR')\}^-$ (**II**) in die Komplexchemie ein.[25] Durch Koordination der zweizähnigen monoanionischen $\{ATI(RR')\}^-$-Liganden an ein Metallatom entstehen fünfgliedrige Metallazyklen (**III**) (Abbildung 1). Aufgrund des delokalisierten 10 π-Elekronensystems sind Aminotroponiminate äußerst stabil gegenüber Nukleophilen und Elektrophilen und daher in der Lage, verschiedene Metalle wie Zirconium, Hafnium,[26] Aluminium,[27] Germanium,[28] Titan,[29] Metalle der 3. Gruppe und der Lanthanide[30] sowie Calcium[31] zu stabilisieren.

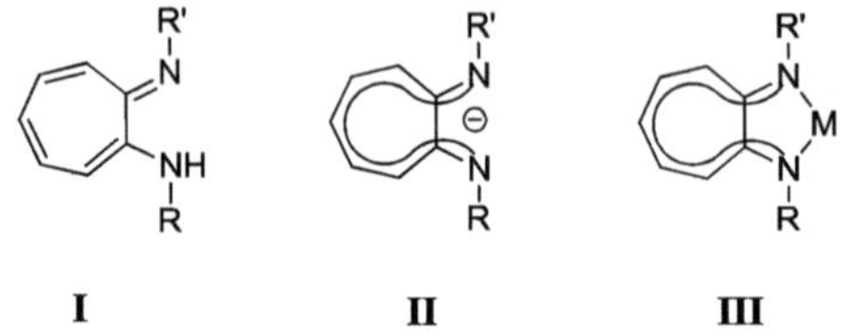

Abbildung 1: Aminotroponimine und Aminotroponiminate.

Aminotroponimine werden in einer dreistufigen Synthese ausgehend vom käuflichen Tropolon dargestellt. Tropolon kann in zwei Stufen aus Cyclopentadien und *in situ* hergestelltem Dichlorketen in einer thermischen [2+2]-Cycloaddition erhalten werden.[27a, 32] Der zwischenzeitlich entstehende Bizyklus (**A**) lagert nach Hydrolyse zum Tropolon (**B**) um.[33] Die Tosylierung unter Standardbedingungen liefert das 2-Tosyloxytropon (**C**), welches durch Reaktion mit einem Amin zum Aminotropon (**D**) umgesetzt wird. Die Reaktion mit Meerweinsalz[34] und einem weiteren Amin liefert das Aminotroponimin (**E**) (Schema 6).

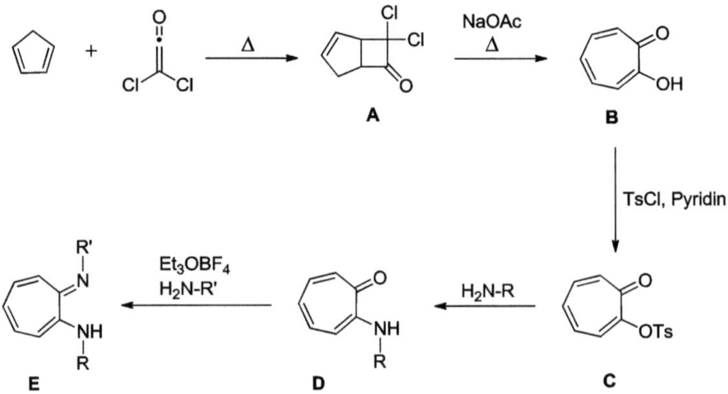

Schema 6: Allgemeine Synthese von Aminotroponiminen ATI(RR')H.[27a, 35]

1.6 Hydroaminierung mit Aminotroponiminat-Zinkkomplexen

1995 wurden von *D. J. Darensbourg* und *M. W. Holtcamp* erstmals homogene Zink-Katalysatoren für die CO_2/Epoxid-Copolymerisation hergestellt,[36] die durch die von *Coates et al.* dargestellten *β*-Diketiminatozinkalkoxid-Komplexe[37] in ihrer Aktivität übertroffen wurden. Die daraufhin in unserer Arbeitsgruppe synthetisierten Aminotroponiminatozinkalkoxide $[\{ATI(iPr)_2\}ZnOR]_2$ (**1**) (Abbildung 2) zeigten geringere Aktivitäten in der CO_2/Epoxid-Copolymerisation[38] und waren in der intramolekularen Hydroaminierung von Olefinen und Alkinen katalytisch inaktiv. Es zeigte sich jedoch, dass der durch Reaktion von Diisopropyl-aminotroponimin mit Dimethylzink dargestellte Komplex $[\{ATI(iPr)_2\}ZnMe]$ (**2b**) in der intramolekularen Hydroaminierung von Aminoalkenen und Aminoalkinen sehr gute Aktivitäten aufweist (Abbildung 2).[39]

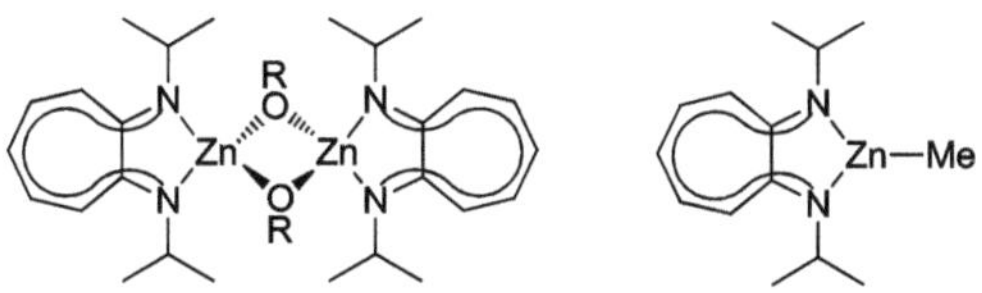

1 **2b**

Abbildung 2: $[\{ATI(iPr)_2\}ZnOR]_2$-Komplex (**1**) und $[\{ATI(iPr)_2\}ZnMe]$-Komplex (**2b**).

In Kooperation mit der Arbeitsgruppe von *Prof. Blechert* wurde der Komplex **2b** mit einer Vielzahl an Aminoalkenen und Aminoalkinen als Substrate auf seine katalytische Aktivität untersucht, von denen einige in Tabelle 2 dargestellt sind.

Tabelle 2: Intramolekulare Hydroaminierung von Aminoalkenen und Aminoalkinen durch [{ATI(*i*Pr)$_2$}ZnMe].

Eintrag	Substrat	Produkt	Kat. **2b** [mol%]	Cokat.[b] [mol%]	Zeit [h]	Umsatz[c] [%]
1	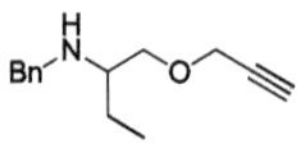	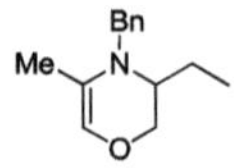	1 0.1 1	- 0.1 1	72 8 45	>99 >99 (91)[f] >99[d]
2	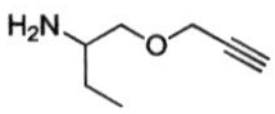	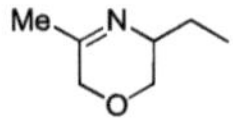	10 2	- 2	144 14	>99 >99 (70)[f]
3	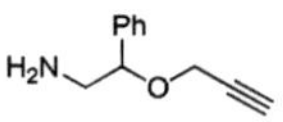	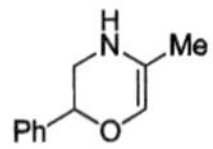	10 2	- 2	6 14	>99 >99
4	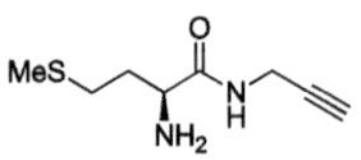	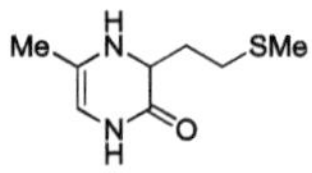	10	-	15	92
5	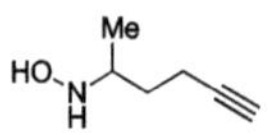	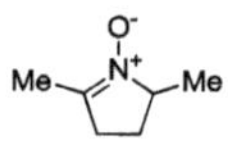	1 0.5	- 0.5	5 4	98[d] >99[d]
6	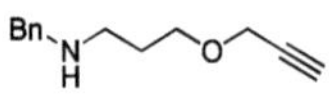	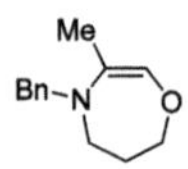	5	-	312	>99
7	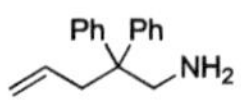	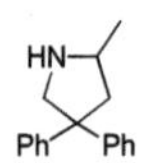	10 10 5	- - 5	12 24 5	>99 69[e], [f] >99
8	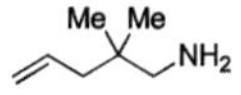	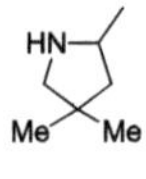	13.3 5	- 5	72 52	>99 46

[a] Reaktionsbedingungen: Amin (430 µmol), [{ATI(*i*Pr)$_2$}ZnMe] (**2b**), C_6D_6 (0.5 mL), 120 °C. [b] Cokatalysator: [PhNMe$_2$H][B(C_6F_5)$_4$]. [c] mittels ^{1}H-NMR-Spektroskopie bestimmt. [d] Reaktion bei 60 °C. [e] Reaktion bei 100 °C. [f] Isolierte Ausbeute, Ansatz 2 mmol in Toluol.

1.7 Cyclopentadien und Pentamethylcyclopentadien als Liganden in der Koordinationschemie des Zinks

Das Cylopentadienyl-Anion $C_5H_5^-$ (Cp), das Deprotonierungsprodukt von Cyclopentadien, sowie sein permethylierter Verwandter, das Pentamethylcyclopentadienid-Anion $C_{10}H_{15}^-$ (Cp*), gehören zu den aromatischen Kohlenwasserstoffen mit (4n + 2) π-Elektronen. Das Cyclopentadienyl-Anion ist in der Lage, mit jedem Übergangsmetall Komplexe zu bilden. In metallorganischen Verbindungen sind diese Liganden in der Regel η^5 an ein Metallzentrum gebunden und werden auch als Sandwich- (Abbildung 3, **a**) oder Halbsandwich-Verbindungen bezeichnet. Sie können aber auch im Mono- (η^1), Di- (η^2), Tri- (η^3) oder Tetrahapto-Koordinationsmodus (η^4) vorliegen.[19]

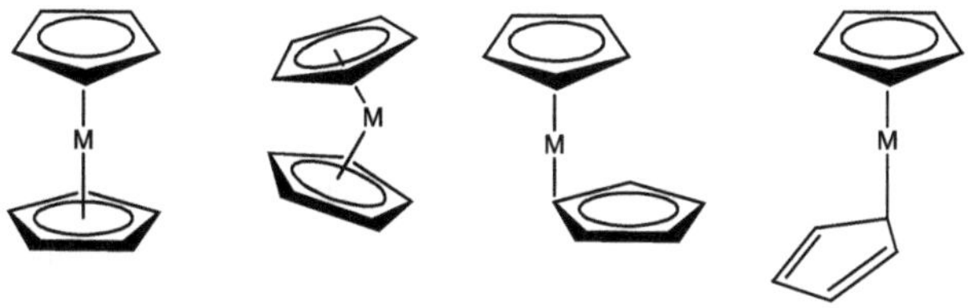

a η^5/η^5 **b** η^5/η^5 **c** $\eta^5/\eta^1(\pi)$ **d** $\eta^5/\eta^1(\sigma)$

Abbildung 3: Bindungsmöglichkeiten von Cp an Metallzentren.[40]

Die erste Cyclopentadienyl-Metallverbindung, C_5H_5K, wurde 1901 von *J. Thiele* synthetisiert.[41] Zu den bekanntesten Sandwich-Komplexen gehört das Ferrocen $[Fe(\eta^5\text{-}C_5H_5)_2]$, welches 1951 von *P. Pauson* und *S. A. Miller* entdeckt wurde.[42] Die homoleptischen Cyclopentadienylkomplexe der Übergangsmetalle weisen meist die Form Cp_2M auf und werden allgemein als Metallocene bezeichnet. Sie können dabei mono-, di-, oligo- und polymer auftreten. Pentamethylcylopentadienid-Komplexe weisen aufgrund der Sperrigkeit der Liganden hingegen meist monomeren Bau auf. Der sterische Anspruch des Cp*-Liganden hat eine Schwächung der intermolekularen Wechselwirkungen zur Folge und erhöht hierdurch zusätzlich die Löslichkeit der Metallocene. Im Vergleich zum Cp-Liganden verfügt er über stärkere π-Donor- und schwächere π-Akzeptoreigenschaften. Metallkomplexe mit Cp*-Liganden tragen einen höheren kovalenten Bindungsanteil, was zur Abnahme des ionischen Anteils führt. Durch seinen größeren sterischen Anspruch wird das Metallzentrum stärker abgeschirmt und somit die Lewis-Acidität der Metallocene verringert. Außerdem steigt die thermische Komplexstabilität solcher Verbindungen, was ihre häufige Verwendung in der Organometallchemie rechtfertigt.[43] Cp- und Cp*-Komplexe, deren direkte Synthese aus Cyclopentadien/Pentamethylcyclopentadien und den Metallen sehr hohe Temperaturen benötigt, lassen sich relativ leicht durch Metathese in Anwesenheit von Hilfsbasen wie Aminen synthetisieren (Gleichung I). Eine weitere Möglichkeit bietet die Reaktion von Metallhalogeniden mit salzartigen Cyclopentadienylmetallkomplexen wie z.B. NaCp/NaCp* (Gleichung II und III) oder KCp/KCp*.[19]

$$MCl_2 + C_5H_6 + 2\,Et_2NH \longrightarrow [(C_5H_5)_2M] + 2\,Et_2NH_2Cl \qquad (I)$$
$$Na + C_5H_6 \longrightarrow C_5H_5Na + 0.5\,H_2 \qquad (II)$$
$$MCl_2 + 2\,NaC_5H_5 \longrightarrow [(C_5H_5)_2M] + 2\,NaCl \qquad (III)$$

Über die Synthese von Bis(cyclopentadienyl)zink $ZnCp_2$ wurde erstmals von *E. O. Fischer* im Jahre 1959 berichtet.[44] Lange Zeit ging man davon aus, dass es sich beim Zinkocen ebenso wie beim Ferrocen um eine Sandwich-Struktur handelt.[44-45] Kristallstrukturanalysen konnten später zeigen, dass es sich bei kristallinem $ZnCp_2$ um eine Kette von Zink-Atomen handelt, die über C_5H_5-Gruppen verbrückt sind. Jedes Zink-Atom ist dabei an einen terminalen und zwei verbrückende Liganden η^2-gebunden.[46] In der Gasphase liegt das Zinkocen[47] ebenso wie das Decamethylzinkocen $[Zn(C_5Me_5)_2]$ (**3**)[48] η^5/ η^1-gebunden vor (Abbildung 3, **c**).
Die Reaktion von Zinkocen mit Diethylzink bei 60 °C liefert nach einer Stunde den Halbsandwich-Komplex $[Zn(\eta^5\text{-}C_5H_5)(C_2H_5)]$,[49] wohingegen die Reaktion von Decamethylzinkocen (**3**) mit Diethylzink bei Raumtemperatur eine Mischung aus den Komplexen $[Zn_2(\eta^5\text{-}C_5Me_5)_2]$ (**4**) und $[Zn(\eta^5\text{-}C_5Me_5)(C_2H_5)]$ (**5**) bildet (Schema 7).[40b, 50] Der von *Carmona et al.* 2004 synthetisierte Decamethydizinkocen-Komplex (**4**) ist die erste bekannte Verbindung mit einer Zink-Zink-Einfachbindung.

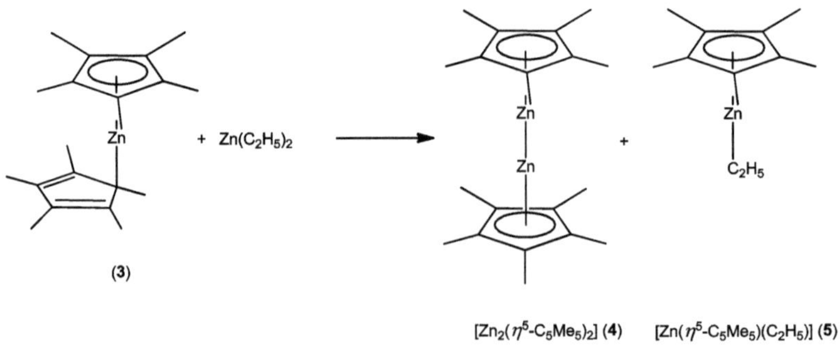

Schema 7: Darstellung von $[Zn_2(\eta^5\text{-}C_5Me_5)_2]$ (**4**) und $[Zn(\eta^5\text{-}C_5Me_5)(C_2H_5)]$ (**5**).

Decamethyldizinkocen ist ein farbloser Feststoff, der äußerst reaktiv gegenüber Sauerstoff und Feuchtigkeit ist. An Luft entzündet er sich spontan, ist aber unter Argonatmosphäre bei Raumtemperatur stabil.[50a] Die Reduktion von Decamethylzinkocen (**3**) mit Kaliumhydrid hat sich für die Herstellung von Decamethyldizinkocen (**4**) im 2 g Maßstab bewährt (Gleichung I). Um die Reduktion zu optimieren wurde der Reaktion Zinkchlorid zugesetzt (Gleichung II). Die Reaktion kann bei Raumtemperatur in THF durchgeführt werden.[40b]

$$\underset{(\mathbf{3})}{2\,[Zn(C_5Me_5)_2]} + 2\,KH \xrightarrow[-2\,KCp,\ -H_2]{THF,\ -20\ °C} \underset{(\mathbf{4})}{[Zn_2(\eta^5\text{-}C_5Me_5)_2]} \quad (I)$$

$$\underset{(\mathbf{3})}{[Zn(C_5Me_5)_2]} + 2\,KH + ZnCl_2 \xrightarrow[-2\,KCl,\ -H_2]{THF,\ 20\ °C} \underset{(\mathbf{4})}{[Zn_2(\eta^5\text{-}C_5Me_5)_2]} \quad (II)$$

1.8 Gold in der organischen Synthese

Gold ist ein sehr edles Metall mit einem Redoxpotential E^0 von Au/Au^{3+} = 1.498 V. Es handelt sich um ein rötlichgelbes weiches Metall mit einer Dichte von $\varrho = 19.32\ g/cm^3$ und ist bekannt für seine ausgeprägte Dehn- und Walzbarkeit.[19] Schon in vorgeschichtlicher Zeit wurde Gold als Zahlungsmittel genutzt. Die ältesten gefundenen Goldgegenstände stammen aus dem 6. Jahrtausend v. Chr. Das Amalgamverfahren und die Cyanidlaugerei (Gleichung I und II) gehören zu den technischen Methoden zur Gewinnung von reinem Gold.

Cyanidlaugerei: $$2\,Au + H_2O + 0.5\,O_2 + 4\,KCN \longrightarrow 2\,K[Au(CN)_2] + 2\,KOH \quad (I)$$

$$2\,K[Au(CN)_2] + Zn \longrightarrow K_2[Zn(CN)_4] + 2\,Au \quad (II)$$

Neben der Verwendung in Schmuckstücken und zu Münzzwecken wird reines Gold in der Glas- und Keramikindustrie, der Elektrotechnik und der Optik genutzt. In Verbindungen tritt Gold meist in den Oxidationsstufen +3 und +1 auf. Unter allen Metallen besitzt Gold das positivste Redoxpotential, die größte Pauling-Elektronegativität (EN = 2.4) und die negativste Elektronenaffinität (EA = -2.31 eV). Desweiteren tendiert Gold in Verbindungen zur Ausbildung von Gold-Gold-Wechselwirkungen, auch als Aurophilie bekannt. Die Au-Au-Abstände liegen dabei meist in einem Bereich von 3.0 Å (2.5–3.4 Å). Diese außergewöhnlichen Eigenschaften des Goldes sind auf relativistische Effekte zurückzuführen.

Seine chemischen Eigenschaften machen Gold zum Gegenstand aktueller Forschung, die seit 20 Jahren einen enormen Aufschwung erlebt.[51] Gold(I)-Organyle AuR sind bisher nur mit bestimmten Liganden (z.B. Mesityl, Alkinyl) isoliert worden, da die thermische Stabilität der Monoorganyle von Kupfer über Silber zum Gold hin abnimmt.[19] Stabiler sind hingegen Lewis-basenstabilisierte Goldorganyle LAuR (z. B. L = R_3P, RNC) oder Organoaurate $[AuR_2]^-$. Die Darstellung organischer Gold(I)-Verbindungen kann durch Salz-Metathese aus Gold(I)-Komplexen wie R_3PAuX (X = Halogenid) und Lithiumorganylen LiR erfolgen. Unter Verwendung von Silyllithium $LiSiR_3$ entstehen stabile Silyl-Gold(I)-Komplexe.

$$R_3PAuX + LiR \longrightarrow R_3PAuR + LiX \quad (I)$$

$$R_3PAuR + LiR \longrightarrow LiAuR_2 + PR_3 \quad (II)$$

R = organischer Rest, Ph, $SiMe_3$

Gold(I)-Komplexe mit Phosphanliganden werden üblicherweise wie folgt dargestellt:[52]

$$H[AuCl_4] + H_2O + 2\ THT \longrightarrow [AuCl(THT)] + C_4H_8SO + 3\ HCl \quad (III)$$

$$[AuCl(THT)] + PPh_3 \longrightarrow [AuCl(PPh_3)] + THT \quad (IV)$$

Triebkraft der Reaktion ist hierbei die durch einen Ligandenaustausch entstehende stabilere Gold-Phosphor-Bindung. Phosphan-Gold(I)-Verbindungen finden in organischen Reaktionen zum Beispiel als Katalysatoren ihre Anwendung.[53]

2 Aufgabenstellung

Das Ziel der vorliegenden Arbeit besteht darin neue Katalysatorsysteme für die intra- und intermolekulare Hydroaminierung von Olefinen und Alkinen zu untersuchen.

Dazu sollten für die in Kooperation von *K. Löhnwitz* und der Arbeitsgruppe von *Prof. Blechert* synthetisierten und auf ihre katalytischen Eigenschaften untersuchten Aminotroponiminat-Zink-Komplexe [{ATI(RR`)}ZnR``] weiterführende Experimente durchgeführt werden. Durch Variation der Substituenten des Liganden und der Abgangsgruppe am {ATI}Zn-System war es gelungen, die katalytische Aktivität der Komplexe und die Bandbreite der in der katalytischen Hydroaminierung eingesetzten Substrate zu optimieren. Für den Komplex [{PhS-ATI$(Cy)_2$}ZnMe] wurden abschließend alle zuvor erhaltenen positiven Aspekte in einem Katalysatorsystem vereinigt. Dieser sollte nun in der intermolekularen Hydroaminierung von unaktivierten Aminoalkenen hinsichtlich möglicher additiver Effekte auf seine Katalyseaktivität untersucht werden. Desweiteren sollten mechanistische Untersuchungen zum Cokatalysator $[PhNMe_2H][B(C_6F_5)_4]$ durchgeführt werden, um Hinweise auf den Reaktionsmechanismus zu erhalten.

Nach der erfolgreichen Anwendung von Aminotroponiminat-Zink-Komplexen in der Hydroaminierung sollte zudem der von *Carmona et al.* 2004 synthetisierte Komplex Decamethyldizinkocen (**4**) auf seine Einsatzmöglichkeit als Katalysator für die intra- und intermolekulare Hydroaminierung untersucht werden, wobei ein Vergleich mit den Aktivitäten von Decamethylzinkocen und Diethylzink herangezogen werden sollte.

Zudem sollten die von *C. Sarcher* synthetisierten bimetallischen Paracyclophan-Gold-Komplexe als Katalysatoren für die intermolekulare Hydroaminierung angewendet werden. Dabei war von besonderem Interesse, welchen Einfluss Gold-Gold-Wechselwirkungen auf die Aktivität des Katalysators haben.

3 Zinkkatalysierte Hydroaminierung von Olefinen und Alkinen

3.1 Intramolekulare Hydroaminierung mit Aminotroponiminat-Zinkkomplexen

In Kapitel 3.1.1 werden die Ergebnisse aus den Doktorarbeiten von *M. Dochnahl*[54] und *K. Löhnwitz*[55] sowie eigene Beiträge wiedergegeben. In Zusammenarbeit mit der Arbeitsgruppe von *Prof. Blechert* an der TU Berlin wurden eine Vielzahl an Aminotroponimin-Liganden und Aminotroponiminat-Zinkkomplexen synthetisiert, deren katalytische Aktivität für die intramolekulare Hydroaminierung untersucht wurden. Um das Projekt abzuschließen wurden von mir weiterführende Beiträge geleistet, die in diesem Kapitel dargestellt werden. Die Ergebnisse der Arbeiten von *M. Dochnahl* und *K. Löhnwitz* werden übernommen, die eigenen Beiträge sind durch Fußnoten referenziert. Bei Ergebnissen ohne Referenzierung ist davon auszugehen, dass die Arbeiten nicht von mir durchgeführt wurden. In Kapitel 3.1.2 wird einleitend auf die von *K. Löhnwitz* in Zusammenarbeit mit der Arbeitsgruppe von *Prof. Blechert* erhaltenen Ergebnisse der Untersuchungen zum Cokatalysator $[PhNMe_2H][B(C_6F_5)_4]$ eingegangen, danach folgen ausschließlich eigene Ergebnisse.

3.1.1 Kenntnisstand und erste eigene Ergebnisse zur katalytischen Aktivität der Aminotroponiminat-Zinkkomplexe

Mit dem Interesse, noch stabilere und reaktivere Aminotroponiminat-Zink-Komplexe zu synthetisieren, wurde das ATI-Zn-System variiert. Das ATI-Zn-System verfügt über drei Modifikationsstellen, die in Abbildung 4 dargestellt sind. Neben der Variation der Abgangsgruppe können die Komplexe auch durch Austausch der Substituenten am Aminotroponiminat-Liganden modifiziert werden. Durch unterschiedliche Substitution an der Position 5 des Ringsystems können die elektronischen Eigenschaften der Zink-Komplexe verändert werden. Sterische Effekte werden durch den Austausch der Substituenten am Stickstoff-Atom erzielt. Beide, sowohl elektronische als auch sterische Effekte, beeinflussen die Aktivität und die Selektivität der katalytisch aktiven Metallkomplexe.

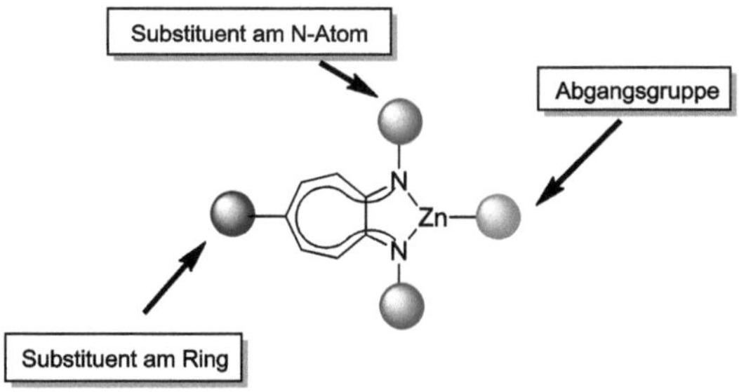

Abbildung 4: Modifikationsmöglichkeiten am ATI-Zn-System.[55]

Durch Verwendung unterschiedlicher Amine in der Ligandensynthese des {ATI(RR')H} wurden die Substituenten am Stickstoff-Atom variiert.[27a, 54, 56] So konnten neben aromatischen, aliphatischen und zyklischen auch Ether-Gruppen in das Ligandensystem eingeführt werden (Abbildung 5).

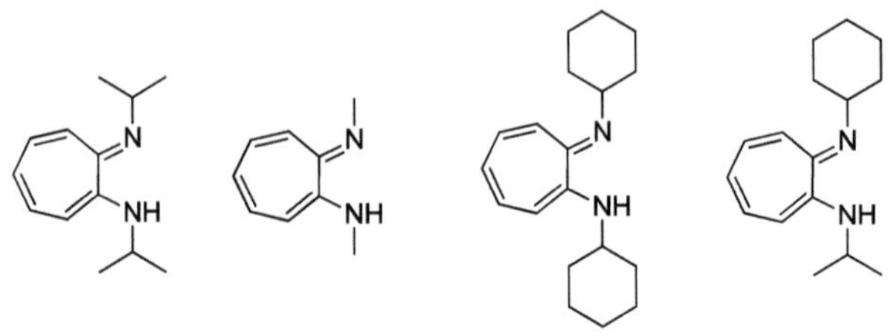

{ATI(*i*Pr)$_2$}H (**2a**) {ATI(Me)$_2$}H (**6a**) {ATI(Cy)$_2$}H (**7a**) {ATI(*i*PrCy)}H (**8a**)

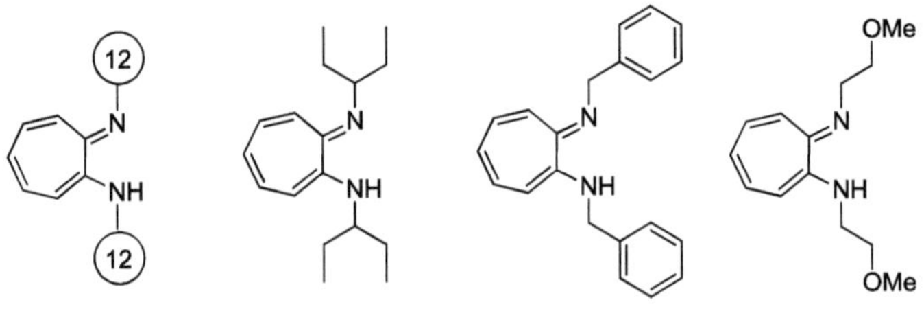

{ATI(*cy*Dod)$_2$}H (**9a**) {ATI(*i*Pent)$_2$}H (**10a**) {ATI(Bn)$_2$}H (**11a**) {ATI(C$_2$OMe)$_2$}H (**12a**)

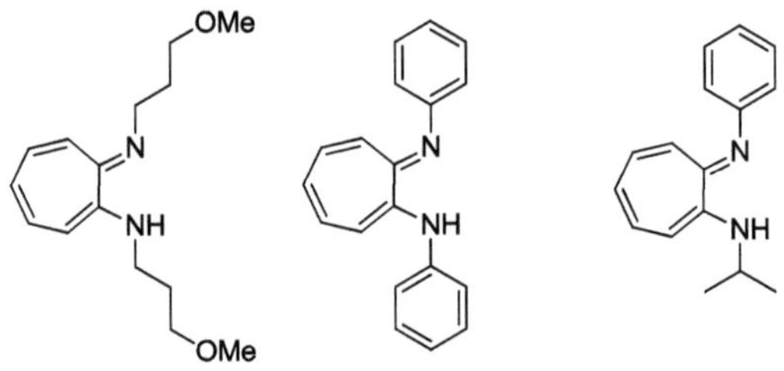

{ATI(C$_3$OMe)$_2$}H (**13a**) {ATI(Ph)$_2$}H (**14a**) {ATI(*i*PrPh)$_2$}H (**15a**)

Abbildung 5: Aminotroponimine mit verschiedenen N-Substituenten.

Alle Aminotroponimine {ATI(RR')H} wurden mit $ZnMe_2$ in Toluol zu ihren entsprechenden Aminotroponimin-Zink-Komplexen umgesetzt, wobei für die Aminotroponimine **2a** und **7a-11a** heteroleptische Komplexe der Form [{ATI(RR')}ZnMe] und für die Aminotroponimine **6a** und **13a-15a** homoleptische Komplexe der Form [{ATI(RR')}$_2$Zn] erhalten wurden (Schema 8). Die Ausbeute der Komplexe **6c** und **13c-15c** konnte durch Verwendung von $ZnEt_2$ anstelle von $ZnMe_2$ zusätzlich erhöht werden, außerdem konnten über diesen Reaktionsweg auch die homoleptischen Komplexe von **2a** und **12a** erhalten werden.

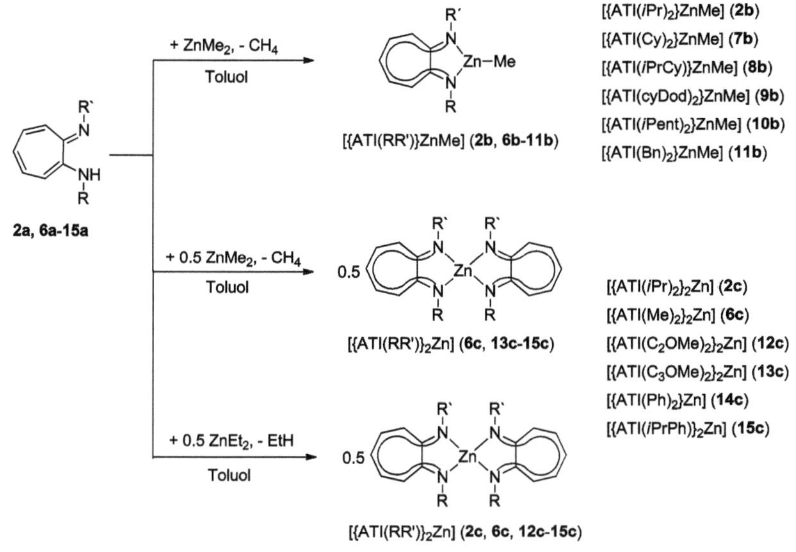

Schema 8: Zink-Komplexe der verschiedenen Aminotroponimine.

Alle Zink-Komplexe wurden in der katalytischen Hydroaminierung von unaktivierten Aminoalkenen eingesetzt und in ihrer Aktivität untereinander verglichen. Es wurden vier verschiedene β-substituierte sekundäre Aminoalkene als Substrate eingesetzt, von denen als Beispiel in Tabelle 3 die Zyklisierungsreaktion von *N*-(1-Allylcyclohexylmethyl)benzylamin dargestellt ist. Alle Reaktionen wurden bei 80 °C in C_6D_6 mit einer Katalysatorbeladung von 2.5 mol% und 2.5 mol% $[PhNMe_2H][B(C_6F_5)_4]$ als Cokatalysator durchgeführt. Der Umsatz wurde mittels ^{1}H-NMR-Spekroskopie ermittelt.

Tabelle 3: Zyklisierung von *N*-(1-Allylcyclohexylmethyl)benzylamin (**16a**).[a]

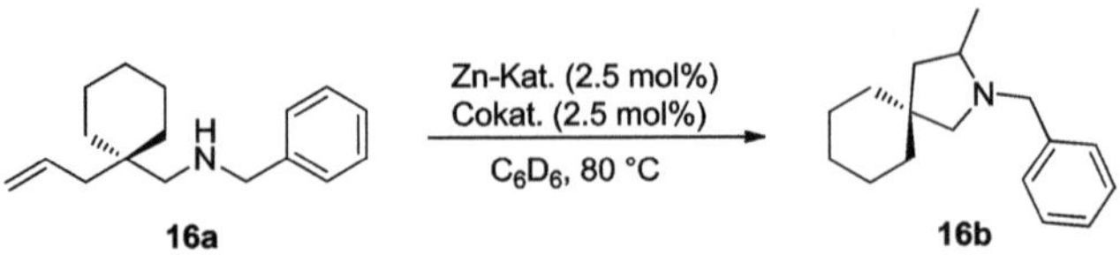

Eintrag	Katalysator	Zeit	Umsatz[b]
1	[{ATI(*i*Pr)$_2$}ZnMe] (**2b**)	0.5 h	quant.
2	[{ATI(*i*Pr)$_2$}$_2$Zn] (**2c**)	10 h	91 %
3	[{ATI(Me)$_2$}$_2$Zn] (**6c**)	10 h	91 %
4	[{ATI(Cy)$_2$}ZnMe] (**7b**)	0.3 h	quant. (91 %)[c]
5	[{ATI(*i*PrCy)}ZnMe] (**8b**)	10 h	70 %
6	[{ATI(*cy*Dod)$_2$}ZnMe] (**9b**)	1 h	quant.
7	[{ATI(*i*Pent)$_2$}ZnMe] (**10b**)	10 h	99 %
8	[{ATI(Bn)$_2$}ZnMe] (**11b**)	10 h	73 %
9	[{ATI(C_2OMe)$_2$}$_2$Zn] (**12c**)	10 h	23 %
10	[{ATI(C_3OMe)$_2$}$_2$Zn] (**13c**)	10 h	94 %
11	[{ATI(Ph)$_2$}$_2$Zn] (**14c**)	10 h	84 %
12	[{ATI(*i*PrPh)}$_2$Zn] (**15c**)	10 h	88 %

[a] Reaktionsbedingungen: Amin (430 µmol), 2.5 mol% Katalysator und 2.5 mol% [PhNMe$_2$H][B(C_6F_5)$_4$] in 0.5 mL C_6D_6, 80 °C. [b] mittels ^{1}H-NMR-Spektroskopie, Ferrocen als interner Standard. [c] Isolierte Ausbeute.

In allen Reaktionen hat Komplex [{ATI(Cy)$_2$}ZnMe] (**7b**) die höchste Reaktivität gezeigt.

Um nun den elektronischen Einfluss der Aminotroponimin-Liganden auf die jeweiligen Katalysatoraktivitäten zu untersuchen, wurden Substituenten mit Donor- oder Akzeptoreigenschaften in die Position 5 des Rings eingeführt. Ausgehend vom Aminotroponimin {ATI(*i*Pr)$_2$}H wurden durch aromatische Substitution eine Reihe mannigfaltig substituierter Liganden dargestellt (Schema 9).[57]

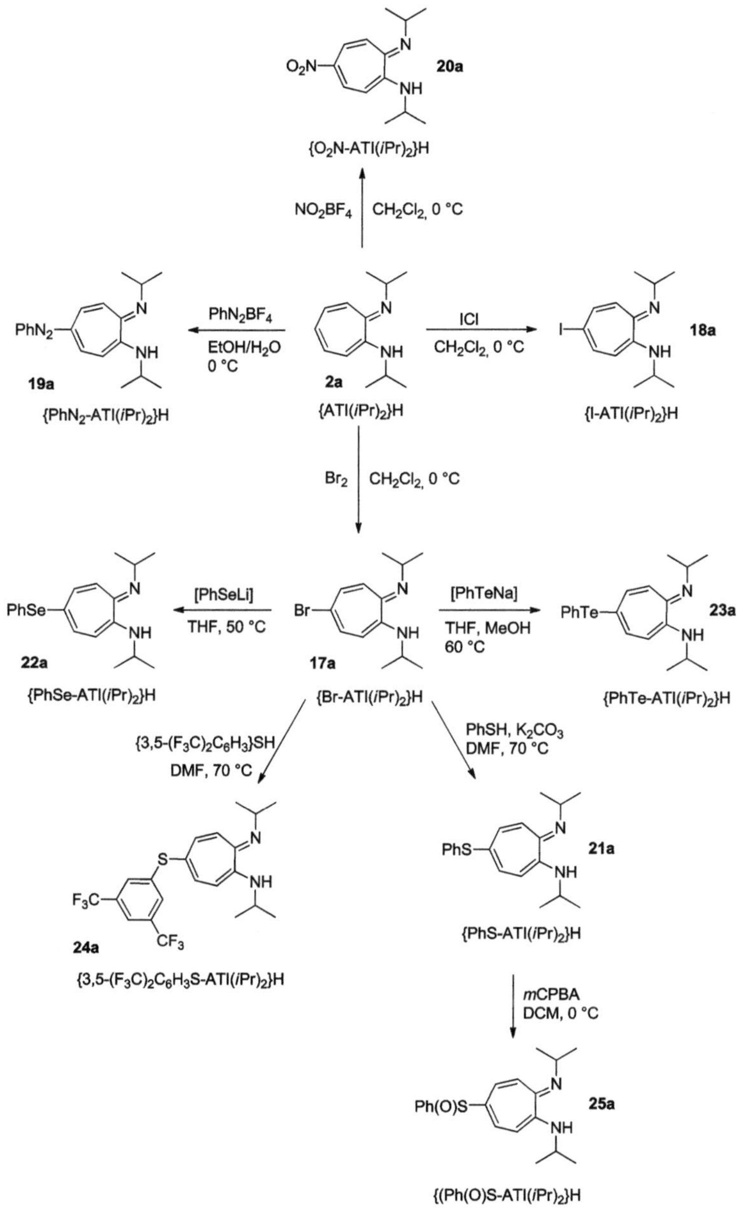

Schema 9: Aminotroponimine mit verschiedenen Substituenten am Ring.

Durch die Reaktion der Aminotroponimine **17a-25a** mit einem Überschuss an $ZnMe_2$ in Toluol bei 0 °C wurden die korrespondierenden Zink-Komplexe [{R-ATI(*i*Pr)$_2$}ZnMe] (**17b-25b**) erhalten (Schema 10).[57-58]

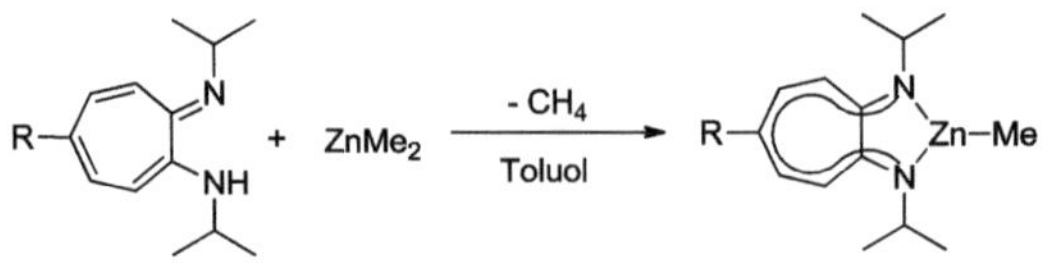

[{R-ATI(*i*Pr)$_2$}ZnMe]

R =	
Br	**(17b)**
I	**(18b)**
N_2Ph	**(19b)**
NO_2	**(20b)**
SPh	**(21b)**
SePh	**(22b)**
TePh	**(23b)**
3,5-$(F_3C)_2C_6H_3S$	**(24b)**
S(O)Ph	**(25b)**

Schema 10: Zink-Komplexe der verschiedenen 5-substituierten Aminotroponimine.

Die dargestellten Zink-Komplexe (**17b-25b**) wurden nun ebenfalls als Katalysatoren für die Zyklisierungsreaktion von *N*-(1-Allylcylohexylmethyl)benzylamin (**16a**) unter den gleichen Bedingungen eingesetzt und mit den Ergebnissen, die für den Katalysator der ersten Generation **2b** erhalten wurden verglichen (Tabelle 4).

Tabelle 4: Zyklisierung von *N*-(1-Allylcyclohexylmethyl)benzylamin (**16a**).[a]

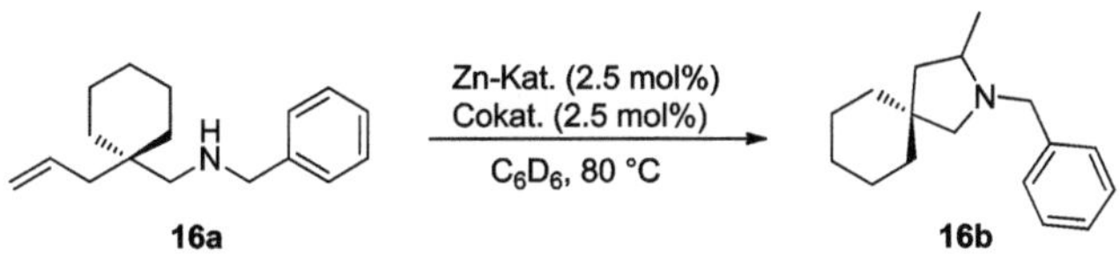

Eintrag	Katalysator	Zeit	Umsatz[b]
1	[{ATI(*i*Pr)$_2$}ZnMe] (**2b**)	0.5 h	quant.
2	[{Br-ATI(*i*Pr)$_2$}ZnMe] (**17b**)	0.75 h	quant.
3	[{I-ATI(*i*Pr)$_2$}ZnMe] (**18b**)	10 h	59 %
4	[{PhN$_2$-ATI(*i*Pr)$_2$}ZnMe] (**19b**)	10 h	93 %
5	[{O$_2$N-ATI(*i*Pr)$_2$}ZnMe] (**20b**)	10 h	16 %
6	[{PhS-ATI(*i*Pr)$_2$}ZnMe] (**21b**)	2 h	quant.
7	[{PhSe-ATI(*i*Pr)$_2$}ZnMe](**22b**)	10 h	94 %
8	[{PhTe-ATI(*i*Pr)$_2$}ZnMe] (**23b**)	10 h	97 %
9	[{(F$_3$C)$_2$C$_6$H$_3$S-ATI(*i*Pr)$_2$}ZnMe] (**24b**)	10 h	95 %
10	[{PhS(O)-ATI(*i*Pr)$_2$}ZnMe] (**25b**)	10 h	6 %

[a] Reaktionsbedingungen: Amin (430 µmol), 2.5 mol% Katalysator und 2.5 mol% [PhNMe$_2$H][B(C$_6$F$_5$)$_4$] in 0.5 mL C_6D_6, 80 °C. [b] mittels ^{1}H -NMR-Spektroskopie, Ferrocen als interner Standard.

Im Vergleich zu den Aminotroponimin-Komplexen **17b-25b** ist der Komplex der ersten Generation **2b** in dieser Reaktion am schnellsten. Aber auch der bromierte Komplex [{Br-ATI(*i*Pr)$_2$}ZnMe] (**17b**) und der Phenylsulfanyl-Komplex [{PhS-ATI(*i*Pr)$_2$}ZnMe] (**21b**) sind sehr aktive Katalysatorsysteme für diese Reaktion. Der bromierte Komplex **17b** zeigt am Anfang eine hohe Aktivität, ist aber unter den gegebenen Reaktionsbedingungen sehr labil und zerfällt leicht. In einer Testreaktion wurde der [{Br-ATI(Cy)$_2$}ZnMe]-Komplex in d$_6$-Benzol gelöst und auf 80 °C erhitzt.[*] Nach einiger Zeit konnte man NMR-spektrometrisch verfolgen, dass das Brom substituiert wird. Die NMR-Signale nach dem Erwärmen sind charakteristisch für den unbromierten [{ATI(Cy)$_2$}ZnMe]-Komplex. In einer weiteren Testreaktion wurde der [{Br-ATI(Cy)$_2$}ZnMe]-Komplex zusammen mit dem Cokatalysator [PhNMe$_2$H][B(C$_6$F$_5$)$_4$] in d$_6$-Benzol gelöst und auf 80 °C erhitzt.[*] Die anschließend gemessenen NMR-Spektren weisen auf eine Zersetzung des Komplexes hin. Die Umsetzung des bromierten ATI-Liganden {Br-ATI(*i*Pr)$_2$} mit Substrat **26a** in d$_6$-Benzol ergab bei 80 °C

[*] Reaktion wurde von mir durchgeführt.

und 120 °C hingegen keine Reaktion.[*] Der Ligand scheint also unter den gegebenen Umständen stabil zu sein.

Komplexe mit Akzeptoreigenschaften der 5-Substituenten wie Nitro- und Sulfoxid-Gruppen zeigen aufgrund ihrer Lewis-Basizität geringere Aktivitäten in der Zyklisierungsreaktion von **16a** gegenüber den Elektronendonor-substituierten Komplexen.[58] Dies wird vor allem deutlich, wenn man Eintrag **6** und Eintrag **10** miteinander vergleicht, bei denen die einfache Oxidation des Schwefels von Komplex **21b** zu Komplex **25b** einen enormen Einfluss auf die Aktivität zeigt. Komplex **21b** zeigt nach zwei Stunden Reaktionszeit einen quantitativen Umsatz in der Zyklisierungsreaktion von **16a** wohingegen Komplex **25b** nach zehn Stunden Reaktionszeit lediglich einen Umsatz von 6 % verzeichnen kann. Akzeptor-Substituenten können intermolekular an das Zink-Atom eines weiteren Komplexes gebunden sein und somit dessen Koordinationssphäre für eintretende Substratmoleküle blockieren. Um diesen Effekt zu verdeutlichen, wurde die katalytische Zyklisierung von Substrat **26a** mit Komplex **2b** in Gegenwart katalytischer Mengen DMSO um die Sulfoxid-Gruppe von Komplex **25b** zu imitieren sowie in Gegenwart katalytischer Mengen Nitrobenzol um die Nitro-Gruppe von Komplex **20b** zu imitieren durchgeführt (Tabelle 5). In Gegenwart von DMSO wird kein Umsatz erzielt und die Anwesenheit von Nitrobenzol führt zu einer drastischen Reaktionsabnahme.[58]

Tabelle 5: Zyklisierung von Benzyl-(2,2-diphenylpent-4-enyl)amin (**26a**) in Gegenwart von DMSO oder Nitrobenzol.[a]

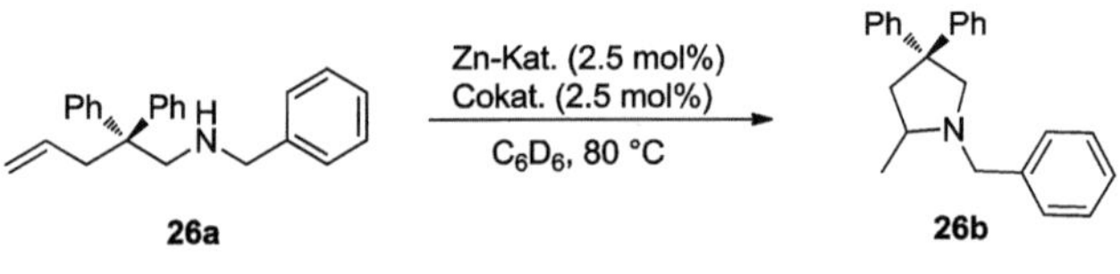

Eintrag	Katalysator	Zeit	Umsatz[b]
1	[{ATI(*i*Pr)$_2$}ZnMe] (**2b**)	95 min	quant.[**]
2	[{ATI(*i*Pr)$_2$}ZnMe] (**2b**) + DMSO[c]	95 min	0 %[*]
3	[{ATI(*i*Pr)$_2$}ZnMe] (**2b**) + Nitrobenzol[c]	95 min	26 %[*]

[a] Reaktionsbedingungen: Amin (430 µmol), 2.5 mol% Katalysator und 2.5 mol% $[PhNMe_2H][B(C_6F_5)_4]$ in 0.5 mL C_6D_6, 80 °C. [b] mittels ^{1}H-NMR-Spektroskopie, Ferrocen als interner Standard. [c] 2.5 mol% DMSO oder Nitrobenzol. [*] Reaktion wurde von mir durchgeführt. [**] Reaktion wurde von mir reproduziert.

[*] Reaktion wurde von mir durchgeführt.

Der Einfluss von elektronenschiebenden Substituenten hingegen ist nicht so eindeutig. Elektronendonoren als Substituenten erhöhen die Elektronendichte der Liganden und verringern dadurch die Lewis-Azidität des Metalls. Aufgrund dessen werden vermutlich weniger Substratmoleküle an das Metallzentrum koordiniert, wodurch dieses sterisch weniger gehindert ist und die Zyklisierung leichter ablaufen kann.[12, 58-59]

Als nächstes wurden die Abgangsgruppen variiert, um deren Einfluss auf die Katalyseaktivität zu bestimmen. Bei den Komplexen, die zuvor die höchste Aktivität in den Zyklisierungsreaktionen zeigten, [ATI(*i*Pr)$_2$ZnMe] (**2b**), [ATI(Cy)$_2$ZnMe] (**7b**) und [PhS-ATI(*i*Pr)$_2$ZnMe] (**21b**), wurde die Abgangsgruppe Methyl gegen die Abgangsgruppen Phenyl und Bis(trimethylsilyl)amid durch Reaktion der Liganden **2a**, **7a** und **21a** mit ZnPh$_2$ oder [Zn{N(SiMe$_3$)$_2$}$_2$] in Toluol bei 0 °C ersetzt (Abbildung 7).[60]

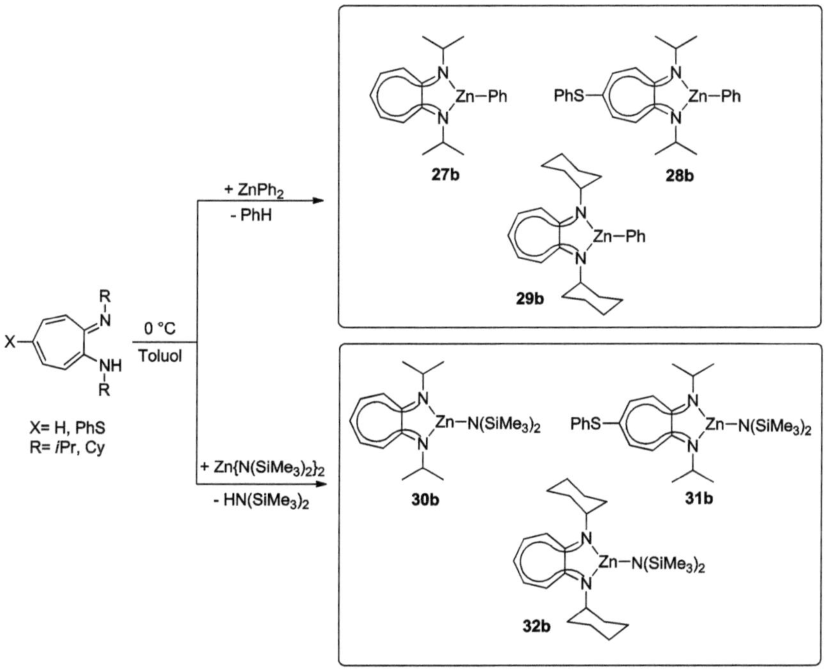

Abbildung 7: Aminotroponimine mit verschiedenen Abgangsgruppen.

Die Zink-Komplexe **27b-32b** wurden als Katalysatoren für die Zyklisierungsreaktion von zwei unaktivierten Aminooelfinen Benzyl-(2,2-diphenylpent-4-enyl)amin (**26a**) (Tabelle 6) und (2,2-Diphenylpent-4-enyl)-furan-2-ylmethylamine (**33a**) (Tabelle 7) verwendet und in ihrer Aktivität mit den korrespondierenden Zink-Methyl-Komplexen verglichen. Alle Reaktionen wurden bei 80 °C in C_6D_6 mit einer Katalysator- und Cokatalysatorbeladung von 2.5 mol% durchgeführt. Der Umsatz wurde mittels ^{1}H-NMR-Spektroskopie verfolgt.[60]

Tabelle 6: Zyklisierung von Benzyl-(2,2-diphenylpent-4-enyl)amin (**26a**).[a]

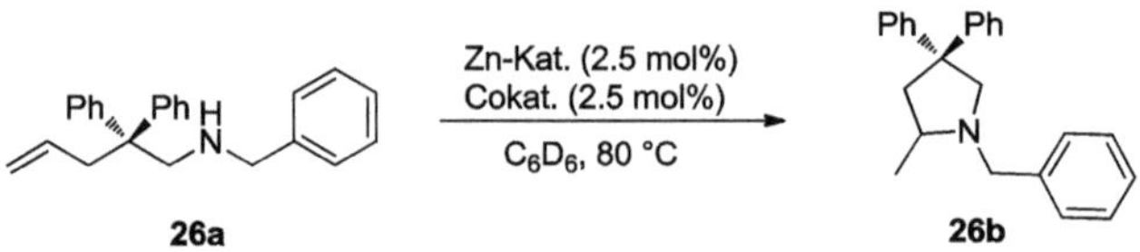

Eintrag	Katalysator	Zeit	Umsatz[b]
1	[{ATI(*i*Pr)$_2$}ZnMe] (**2b**)	95 min	quant.[**] (99 %)[c,*]
2	[{ATI(*i*Pr)$_2$}ZnPh] (**27b**)	95 min	92 %
3	[{ATI(*i*Pr)$_2$}Zn{N(SiMe$_3$)$_2$}] (**30b**)	95 min	29 %
4	[{ATI(Cy)$_2$}ZnMe] (**7b**)	20 min	quant.
5	[{ATI(Cy)$_2$}ZnPh] (**29b**)	60 min	quant.[*]
6	[{ATI(Cy)$_2$}Zn{N(SiMe$_3$)$_2$}] (**32b**)	720 min	64 %
7	[{PhS-ATI(*i*Pr)$_2$}ZnMe] (**21b**)	40 min	quant. (93 %)[c]
8	[{PhS-ATI(*i*Pr)$_2$}ZnPh] (**28b**)	40 min	quant.
9	[{PhS-ATI(*i*Pr)$_2$}Zn{N(SiMe$_3$)$_2$}] (**31b**)	720 min	87 %

[a] Reaktionsbedingungen: Amin (430 µmol), 2.5 mol% Katalysator und 2.5 mol% $[PhNMe_2H][B(C_6F_5)_4]$ in 0.5 mL C_6D_6, 80 °C. [b] mittels ^{1}H-NMR-Spektroskopie, Ferrocen als interner Standard. [c] Isolierte Ausbeute. [*] Reaktion wurde von mir durchgeführt. [**] Reaktion wurde von mir reproduziert.

Die Methyl- und Phenyl-Zink-Komplexe zeigen ähnliche Aktivitäten, wohingegen die Bis(trimethylsilyl)amid-Zink-Komplexe wesentlich geringere Umsätze bei höheren Reaktionszeiten erzielen. Die Phenyl- und Methyl-Komplexe formen ähnliche katalytisch aktive Spezies in Lösung nach Zugabe des Cokatalysators. Die durch Protonierung der Zn-R-Gruppe entstehenden Nebenprodukte Methan und Benzol sind inert und an keiner Weiterreaktion beteiligt. Die Bis(trimethylsilyl)amid-Gruppe bildet hingegen Bis(trimethylsilyl)amin als Nebenprodukt, welches Aufgrund seiner Lewis-Basizität an die katalytisch aktive Spezies koordinieren kann und somit deren Aktivität mindert. Um diese Vermutung zu unterstützen wurde ein Kontrollexperiment (Tabelle 7, Eintrag 2) durchgeführt, bei dem $HN(SiMe_3)_2$ zur Reaktion hinzugefügt wurde. Es hat sich gezeigt, dass sich die Zyklisierung der durch Komplex **2b** katalysierten Reaktion von 6 Stunden auf 30 Stunden verlangsamt.

Desweitern sollte durch den größeren sterischen Anspruch der Bis(trimethylsilyl)amid-Gruppe die Protonierung der Zn-R-Bindung, die zur Bildung der katalytisch aktiven Spezies führt, gehindert sein.

Tabelle 7: Zyklisierung von (2,2-Diphenylpent-4-enyl)-furan-2-ylmethylamin (**33a**).[a]

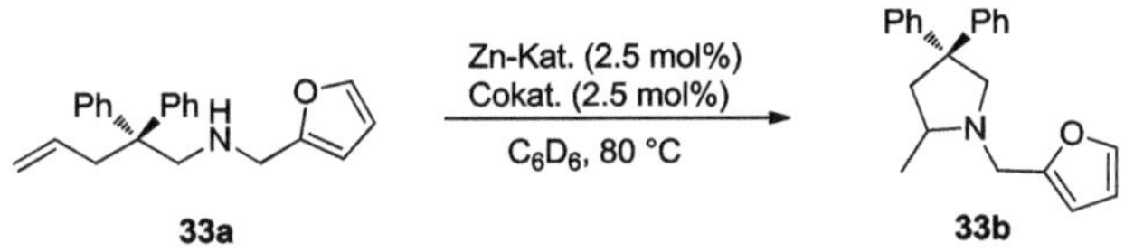

Eintrag	Katalysator	Zeit	Umsatz[b]
1	[{ATI(*i*Pr)$_2$}ZnMe] (**2b**)	6 h	quant.[**]
2	[{ATI(*i*Pr)$_2$}ZnMe] (**2b**) + $HN(SiMe_3)_2$	30 h	quant.[*]
3	[{ATI(*i*Pr)$_2$}ZnPh] (**27b**)	6 h	quant.
4	[{ATI(*i*Pr)$_2$}Zn{N(SiMe$_3$)$_2$}] (**30b**)	30 h	70 %
5	[{ATI(Cy)$_2$}ZnMe] (**7b**)	2.5 h	quant. (94 %)[c]
6	[{ATI(Cy)$_2$}ZnPh] (**29b**)	2.5 h	quant.
7	[{ATI(Cy)$_2$}Zn{N(SiMe$_3$)$_2$}] (**32b**)	30 h	quant.
8	[{PhS-ATI(*i*Pr)$_2$}ZnMe] (**21b**)	4 h	quant. (96 %)[c]
9	[{PhS-ATI(*i*Pr)$_2$}ZnPh] (**28b**)	4 h	quant.
10	[{PhS-ATI(*i*Pr)$_2$}Zn{N(SiMe$_3$)$_2$}] (**31b**)	29 h	quant.

[a] Reaktionsbedingungen: Amin (430 µmol), 2.5 mol% Katalysator und 2.5 mol% $[PhNMe_2H][B(C_6F_5)_4]$ in 0.5 mL C_6D_6, 80 °C. [b] mittels ^{1}H-NMR-Spektroskopie, Ferrocen als interner Standard. [c] Isolierte Ausbeute. [*] Reaktion wurde von mir durchgeführt. [**] Reaktion wurde von mir reproduziert.

Als Ergebnis aus den Testreaktionen zeigte sich, dass der Dicyclohexyl-substituierte Komplex (**7b**) bei den N-substituierten und der Phenylsulfanyl-substituierte (**21b**) bei den ringsubstituierten Komplexen die höchsten Aktivitäten liefern. Die Methyl-Gruppe erwies sich als effektivste Abgangsgruppe. Um diese Ergebnisse in einem Katalysator zu vereinigen, wurde der Komplex [{PhS-ATI(Cy)$_2$}ZnMe] (**34b**) synthetisiert (Schema 12). Er trägt an beiden Stickstoffatomen Cyclohexyl-Ringe, ist an Position 5 des Ringes Phenylsulfanyl-substituiert und trägt einen Methylrest als Abgangsgruppe.

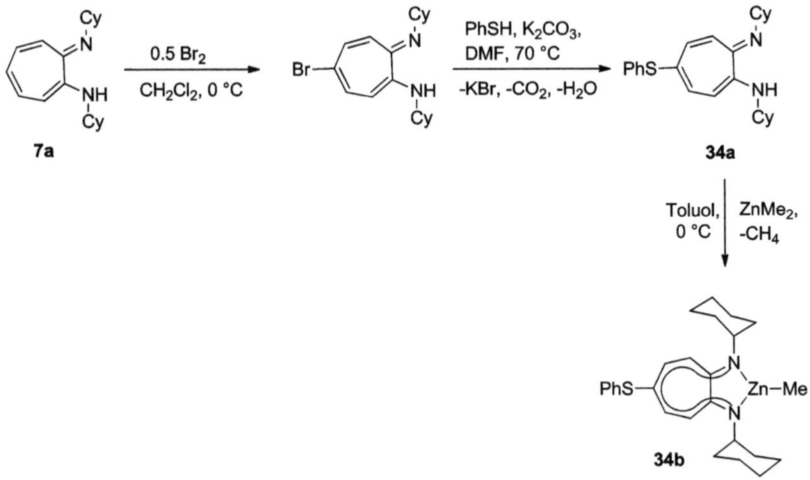

Schema 12: Kombination der Modifikationen der Zink-Komplexe.

Der Komplex **34b** wurde in der Zyklisierungsreaktion von drei verschiedenen Aminoalkenen (**26a**, **33a**, **35a**) getestet und mit den Ergebnissen der in den vorherigen Reaktionen aktivsten Komplexe **2b**, **7b**, **17b** und **21b** verglichen (Tabelle 8). Unser Interesse lag begründet in der Annahme, dass es durch einen additiven Effekt der sterischen und elektronischen Modifikationen der Aminotroponimine zu einer Aktivitätserhöhung in der katalytischen Hydroaminierung kommen sollte. Die erhaltenen Reaktionszeiten sind jedoch in allen Zyklisierungsreaktionen größer als erwartet. Es konnte kein additiver Effekt der kombinierten Modifikationen an den Zink-Komplexen erreicht werden. Komplex **34b** zeigt sogar die geringste Aktivität für alle untersuchten Hydroaminierungsreaktionen.[58] Zwar sind im Allgemeinen alle Zyklisierungsreaktionen substratabhängig, aber in allen Fällen hat sich [ATI(Cy)$_2$}ZnMe] (**7b**) als effektivster Katalysator für die intramolekulare Hydroaminierungsreaktion von unaktivierten Aminoalkenen erwiesen.

Tabelle 8: Katalysierte Hydroaminierungsreaktionen verschiedener sekundärer Aminoalkene.[a]

Eintrag	Substrat	Produkt	Kat.	Zeit	Umsatz[b]
1			**2b**	95 min	quant.[**]
2			**7b**	20 min	quant. (90 %)[c]
3	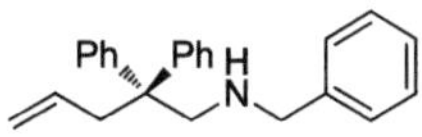 **26a**	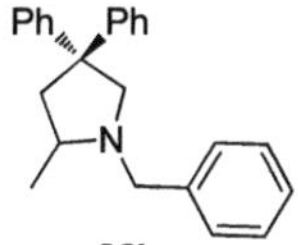 **26b**	**17b**	17 h	97 %[*]
4			**21b**	40 min	quant. (93 %)[c]
5			**34b**	27.5 h	96 %[*]
6			**2b**	6 h	quant.[*]
7			**7b**	2.5 h	quant. (95 %)[c]
8	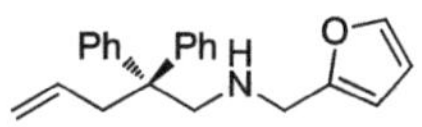 **33a**	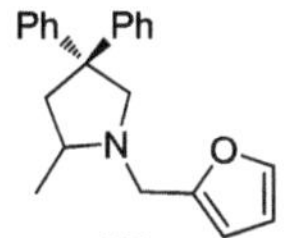 **33b**	**17b**	15 h	97 %[*]
9			**21b**	4 h	quant. (96 %)[c]
10			**34b**	18 h	99 %[*]
11			**2b**	20 min	quant.[**]
12			**7b**	10 min	quant. (97 %)[c]
13	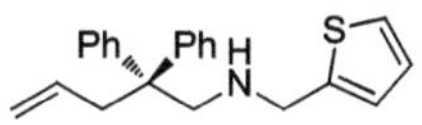 **35a**	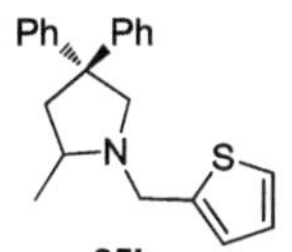 **35b**	**17b**	4.5 h	quant.[*]
14			**21b**	5 h	quant.
15			**34b**	6.5 h	97 %[*]

[a] Reaktionsbedingungen: Amin (430 µmol), 2.5 mol% Katalysator und 2.5 mol% $[PhNMe_2H][B(C_6F_5)_4]$ in 0.5 mL C_6D_6, 80 °C. [b] mittels ^{1}H-NMR-Spektroskopie, Ferrocen als interner Standard. [c] Isolierte Ausbeute. [*] Reaktion wurde von mir durchgeführt. [**] Reaktion wurde von mir reproduziert.

Eine zusätzlich durchgeführte Testreaktion mit [{ATI(*i*Pr)$_2$ZnMe] als Katalysator für die Zyklisierungsreaktion des primären, unsubstituierten Hept-6-en-1-amins (**36**) unter den gleichen Bedingungen ergab keinen Umsatz.[*] Auch die Erhöhung der Reaktionstemperatur von 80 °C auf 120 °C führte zu keiner Reaktion. Dieses könnte darauf zurückzuführen sein, dass das Substrat keine sterisch anspruchsvollen Substituenten in *β*-Position zur Amin-Funktion trägt, welche das Substrat in eine Konformation überführen, die die Zyklisierung

[*] Reaktion wurde von mir durchgeführt.

begünstigen. Dieses Phänomen wird auch als *Thorpe-Ingold-Effekt* bezeichnet.[61] Desweiteren haben eine Reihe von Testreaktionen an verschiedenen primären und sekundären Aminen ergeben, dass das Katalysatorsystem zwar in der Lage ist primäre Aminoolefine zu zyklisieren, bevorzugt aber mit sekundären Aminoolefinen, welche eine erhöhte Nucleophilie aufweisen, reagiert.[39]

3.1.2 Mechanistische Untersuchungen

Untersuchungen zum Cokatalysator $[PhNMe_2H][B(C_6F_5)_4]$ wurden bereits von *K. Löhnwitz* in Zusammenarbeit mit der Arbeitsgruppe von *Prof. Blechert* durchgeführt.[54-55, 62] Von zentralem Interesse war es, den Einfluss des Cokatalysators auf die Katalyse zu ermitteln. Hierfür wurden Experimente mit einem sekundären Aminoalkin (**37**), sowie einem sekundären Aminoalken (**26a**) durchgeführt (Tabelle 9). Die Aktivität von $[\{ATI(i\text{Pr})_2\}ZnMe]$ (**2b**) für die Zyklisierung des Aminoalkins liegt nur geringfügig über der Aktivität der thermischen Zyklisierung (Tabelle 9, Einträge 1 und 2). Die Zyklisierung des Aminoalkens kann hingegen weder thermisch noch durch Verwendung des Komplexes **2b** katalysiert werden. Der Cokatalysator zeigt in beiden Fällen eine Eigenaktivität, benötigt allerdings bei Verwendung des Aminoalkins 16 Stunden für einen Umsatz von 78 % und im Fall des Aminoalkens 20 Stunden für einen Umsatz von 94 % (Tabelle 9, Einträge 3 und 7). Wie an den Einträgen 4 und 8 in Tabelle 9 deutlich zu erkennen ist, führt die Verwendung einen 1:1-Gemisches des $[\{ATI(i\text{Pr})_2\}ZnMe]$-Komplexes (**2b**) und dem Cokatalysator $[PhNMe_2H][B(C_6F_5)_4]$ zu einer drastischen Erhöhung der Reaktionsgeschwindigkeit, wobei das Aminoalken in 95 Minuten quantitativ umgesetzt werden kann (Tabelle 9, Eintrag 8).

Tabelle 9: Untersuchungen zum Cokatalysator.[55]

Eintrag	Katalysator	Konz. [mol%]	Substrat	Temp. [°C]	Zeit [h]	Umsatz [%]
1	ohne	–		120	16	28
2	**2b**	1	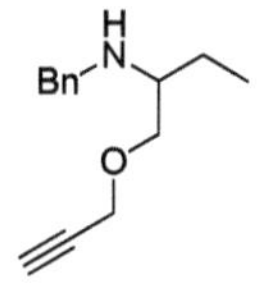	120	16	34
3	Cokat.	1		120	16	78
4	**2b**/Cokat. 1:1	1	**37**	120	< 2	quant.
5	ohne	–		80	20	k.R
6	**2b**	2.5	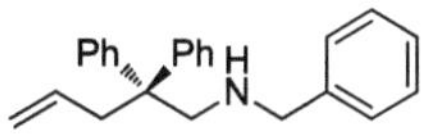	80	20	k.R.
7	Cokat.	2.5	**26a**	80	20	94
8	**2b**/Cokat. 1:1	2.5		80	1.58	quant.

^{1}H-NMR-spektroskopische Messungen zeigen die Bildung von Methan während der Katalyse. Es wird vermutet, dass der Cokatalysator als Protonenquelle dient, wobei die sich bildende [{ATI(*i*Pr)$_2$}Zn]$^+$-Spezies (**38**) durch das schwach koordinierende Anion [B(C$_6$F$_5$)$_4$]$^-$ stabilisiert wird (Schema 13).

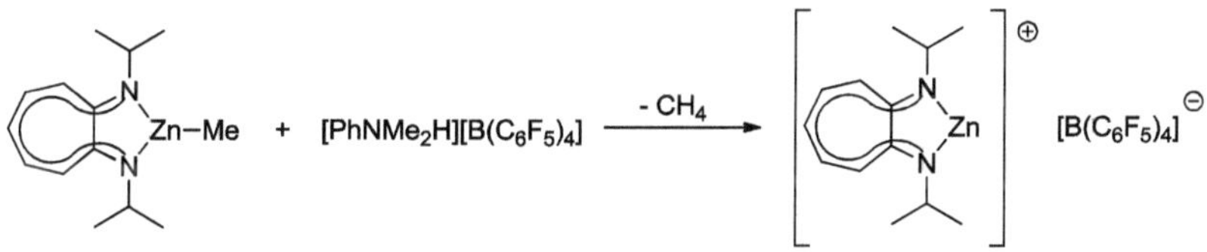

2b **38**

Schema 13: Mögliche Bildung der aktiven Spezies.

Bislang konnte lediglich im ESI-MS-Spektrum des Reaktionsgemisches **2b**/Cokatalysator (1:1) das Gegenion [B(C$_6$F$_5$)$_4$]$^-$ nachgewiesen werden.[55]

Weitere Untersuchungen sollten nun zeigen in welcher Form der Katalysator und der Cokatalysator zusammenwirken und wie die Struktur der sich bildenden aktiven Spezies aussieht.

Bereits 2003 konnten *Piers et al.* aus einer Scandium-Verbindung (**I**) mit $[Ph_3C][B(C_6F_5)_4]$ (**II**) eine Methyl-Gruppe abstrahieren und das entstehende Scandium-Kation mit 1-Brombenzol stabilisieren (**III**), wobei $[B(C_6F_5)_4]^-$ als schwach koordinierendes Kontakt-Anion fungiert (Schema 14). Der ansonsten stattfindende Transfer einer C_6F_5-Gruppe auf das Scandium-Kation wurde hierbei nicht beobachtet.[63]

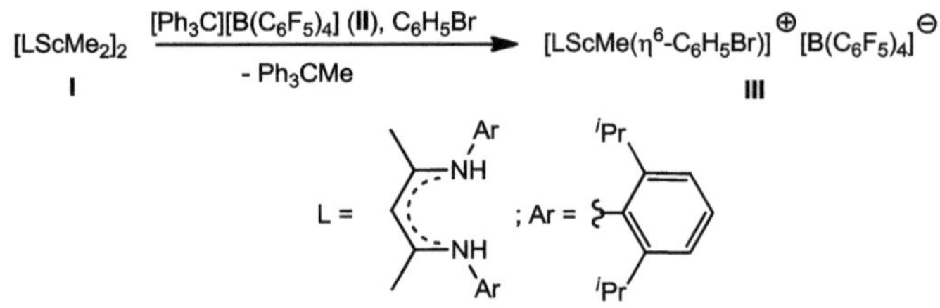

Schema 14: Umsetzung der Scandium-Verbindung **I** mit $[Ph_3C][B(C_6F_5)_4]$ und Brombenzol.[63]

Da es in früheren Arbeiten nicht gelungen ist, bei der Umsetzung von **2b** mit dem Cokatalysator $[PhNMe_2H][B(C_6F_5)_4]$ eine Spezies zu isolieren, wurden diese Ergebnisse zum Anlass genommen, **2b** mit dem stabilisierend wirkendem 4,4`-Diphenyl-2,2`-bipyridin und dem Cokatalysator in Toluol umzusetzen (Schema 15). Die Methyl-Gruppe am Zink-Atom wird durch den Cokatalysator protoniert und entweicht als Methan aus der Reaktionslösung. Das durch 4,4`-Diphenyl-2,2`-bipyridin (diphenybipy) stabilisierte Zink-Kation (**39**) kann im ESI-MS-Spektrum eindeutig nachgewiesen werden, ebenso wie das $[B(C_6F_5)_4]^-$-Anion.

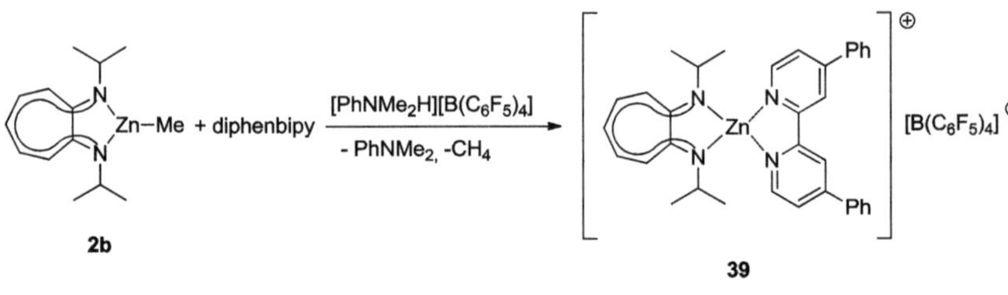

Schema 15: Umsetzung von $[\{ATI(i\text{Pr})_2\}ZnMe]$ mit 4,4`-Diphenyl-2,2`-bipyridin und $[PhNMe_2H][B(C_6F_5)_4]$.

Führt man die Hydroaminierungsreaktion aus Tabelle 9, Eintrag 8 erneut in Gegenwart von 2.5 mol% 4,4`-Diphenyl-2,2`-bipyridin durch, so wird kein Umsatz zum Zyklisierungsprodukt beobachtet. Das aktive Zentrum wird in Verbindung **39** effektiv durch das koordinierende Diphenylbipyridin abgeschirmt.

Die Reaktionen des [{ATI(*i*Pr)$_2$}ZnMe]-Komplexes (**2b**) mit 2,2`-Bipyridin beziehungsweise mit 4,4-Diphenyl-2,2`-bipyridin und B(C_6F_5)$_3$ in Toluol zeigen im ESI-MS-Spektrum das Zink-Kation **40/41** sowie das [Me-B(C_6F_5)$_3$]$^-$-Anion (Schema 16 am Beispiel 2,2`-Bipyridin).

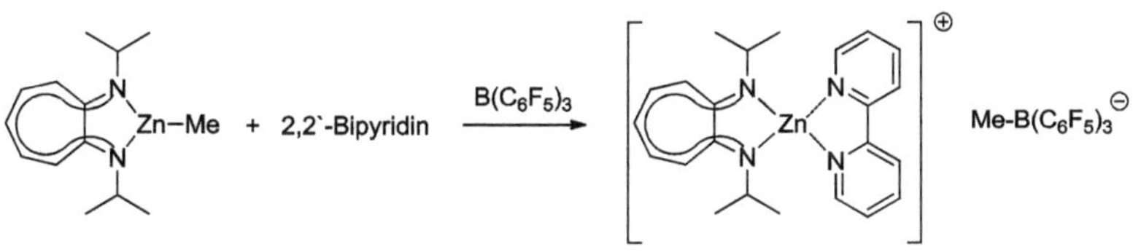

Schema 16: Umsetzung von [{ATI(*i*Pr)$_2$}ZnMe] (**2b**) mit 2,2`-Bipyridin und B(C_6F_5)$_3$ in Toluol.

Diese Beobachtungen stehen im Einklang mit den von *Vigalok et al.* 2008 berichteten Ergebnissen, bei denen die Umsetzung von Calixaren-Zink-Methyl-Komplexen mit B(C_6F_5)$_3$ und 2,2′-Bipyridin ebenfalls zum [Me-B(C_6F_5)$_3$]$^-$-Anion und dem durch 2,2′-Bipyridin stabilisierten Zink-Calixaren-Kation (**II**) führt (Schema 17).[64]

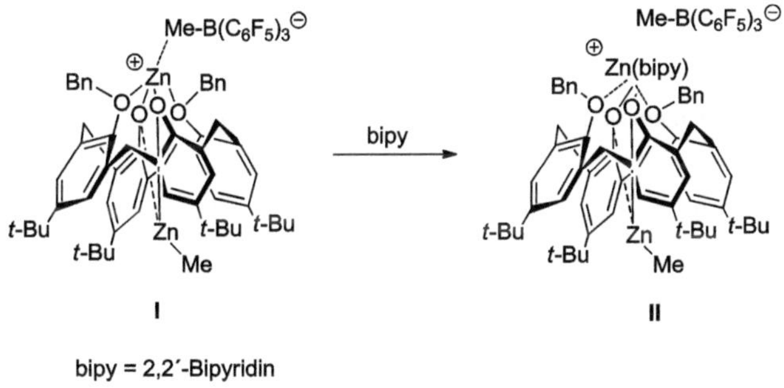

Schema 17: Stabilisierung von Calixaren-Zink-Kationen mit 2,2′-Bipyridin.[64]

Vigalok et al. berichten bei Verbindung **I** zusätzlich von einem bei Raumtemperatur in Benzol beobachteten Transfer einer C_6F_5-Gruppe vom Bor- auf das Zink-Atom (**III**) (Schema 18).

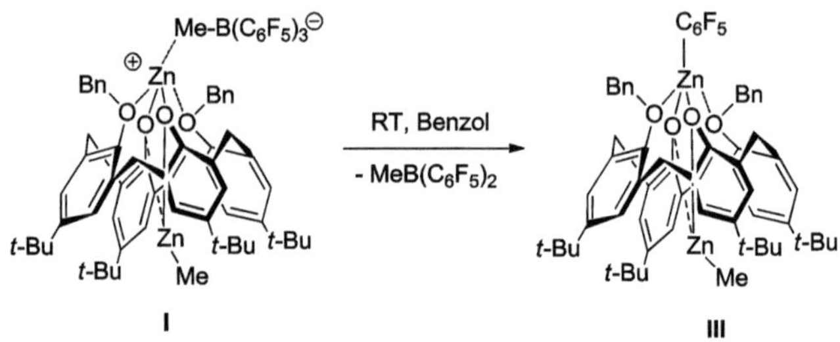

Schema 18: C_6F_5-Transfer bei Calixaren-Zink-Komplexen.[64]

Es wird daher vermutet, dass es im Laufe der Zeit bei den durch **2b** katalysierten Hydroaminierungen unter Transfer einer C_6F_5-Gruppe auf das *in situ* gebildete [{ATI(*i*Pr)$_2$}Zn]-Kation (**38**) zu einer Deaktivierung der aktiven Spezies kommt (Schema 19). Diese Vermutungen werden durch ESI-MS-Messungen unterstützt, bei denen in der Reaktion des Komplexes **2b** mit [PhNMe$_2$H][B(C_6F_5)$_4$] die Entstehung der Verbindung **42** nachgewiesen werden kann (Syntheseroute B). EI-MS-Messungen der Reaktion von **2b** mit B(C_6F_5)$_3$ in Toluol zeigen ebenfalls nach einer Reaktionszeit von 24 Stunden die Bildung von Verbindung **42** (Syntheseroute A).

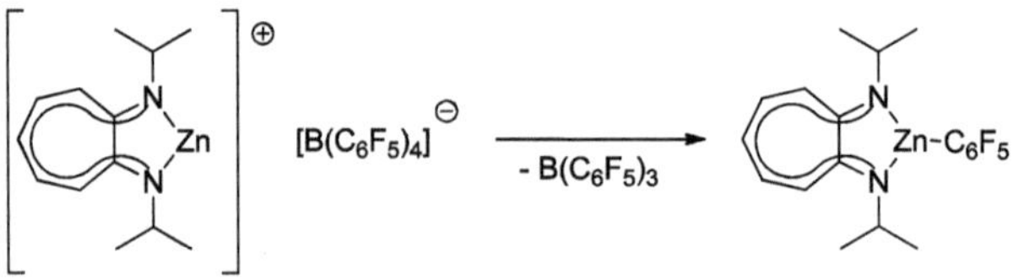

38 **42**

Schema 19: Darstellung der möglichen Deaktivierung der aktiven Spezies.

Bislang konnte jedoch auch durch Verwendung koordinierender Lösemittel wie DMSO, Acetonitril, Brombenzol oder DME keine kationische Spezies isoliert werden. Auch die von *Schulz et al.* beschriebene Stabilisierung von Zink-Verbindungen durch Verwendung der starken Lewis-Base 4-Dimethylaminopyridin (DMAP)[65] konnte hier nicht erfolgreich eingesetzt werden.

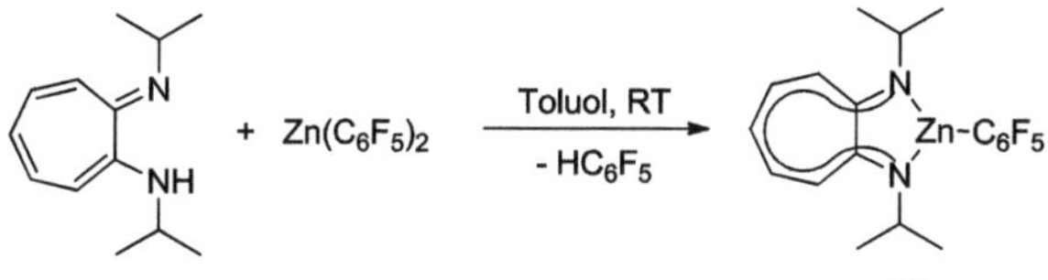

Schema 20: Darstellung von Verbindung **42** aus **2a** und $Zn(C_6F_5)_2$ (Syntheseroute C).

Es ist jedoch möglich über eine konventionelle Syntheseroute (Syntheseroute C) Verbindung **42** darzustellen. Die Umsetzung des Neutralliganden H{ATI(*i*Pr)$_2$} (**2a**) mit Bis(pentafluorophenyl)zink in Toluol bei Raumtemperatur ergibt den Komplex [{ATI(*i*Pr)$_2$}Zn-C_6F_5] (**42**) (Schema 20). Einkristalle von **42**, die für eine Röntgenstrukturanalyse geeignet sind, können aus Toluol/*n*-Pentan (1:1) erhalten werden (Abbildung 6). Die Verbindung **42** kristallisiert lösemittelfrei in der tetragonalen Raumgruppe $I4_1/a$ mit acht Molekülen Komplex in der Elementarzelle. Das Zinkatom ist trigonal-planar von zwei Stickstoffatomen und der Pentafluorophenylgruppe koordiniert. Die Zn-N-Bindungslängen liegen mit 194.0 pm in dem für {ATI(RR`)}-Zn-Komplexen erwarteten Bereich und bilden einen Winkel N1-Zn-N1` von 84.5°. Gleiches gilt für die Zn-C1-Bindung mit 196.4 pm und einem Bindungswinkel N-Zn-C1 von 137.8°.[55]

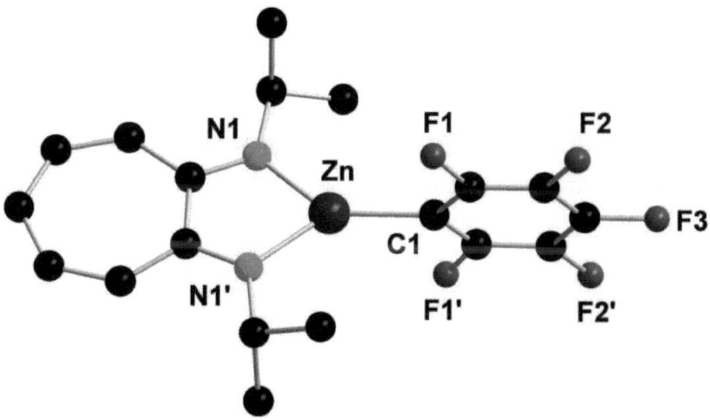

Abbildung 6: Struktur von Verbindung **42** im Festkörper. Ausgewählte Abstände [pm] und Winkel [°]: Zn-N 194.00(3), Zn-C1 196.41(4); N1-Zn-N1` 84.471(8), N1-Zn-C1 137.765(11).

3.2 Inter- und intramolekulare Hydroaminierung mit Decamethyldizinkocen, Decamethylzinkocen und Diethylzink

3.2.1 Intermolekulare Hydroaminierung mit Decamethyldizinkocen (4)

Da bis zum jetzigen Zeitpunkt noch keine Verbindung mit einer Zn-Zn-Einfachbindung auf ihre katalytischen Eigenschafen hin untersucht wurde, bestand das Interesse darin, die katalytische Aktivität von Decamethyldizinkocen ($Zn_2Cp^*_2$) in der Hydroaminierungsreaktion zu untersuchen. Ein großes Augenmerk lag hierbei auf den bei etablierten Zink-Komplexen beobachteten Vorteilen in katalytischen Reaktionen. Im Gegensatz zu den auf anderen Metallen basierenden Katalysatorsystemen weisen Zink-Komplexe eine hohe Toleranz gegenüber polaren funktionellen Gruppen sowie eine relativ hohe Stabilität gegenüber Luft und Feuchtigkeit auf.

Aufgrund unserer bisherigen Ergebnisse mit Zink-Katalysatorsystemen, wurde eine Testreaktion von Decamethyldizinkocen unter Zugabe von $[PhNMe_2H][B(C_6F_5)_4]$ mit einer Katalysator- und Cokatalysatorbeladung von 2.5 mol% in C_6D_6 durchgeführt. In früheren Studien hat sich gezeigt, dass der Zusatz von einem Äquivalent $[PhNMe_2H][B(C_6F_5)_4]$ einen enormen Einfluss auf die Reaktivität von Zink-Katalysatoren hat.[39] Wir gehen davon aus, dass sich eine kationische Zink-Spezies durch Protonierung des Cp*-Liganden bildet, da das protonierte Cp*H bei jeder Hydroaminierungsreaktion als Nebenprodukt in den ^{1}H-NMR-Spektren beobachtet werden kann. Als Testreaktion haben wir die intermolekulare Hydroaminierung von Phenylacetylen (**43**) mit 2,4,6-Trimethylanilin (Mesidin) (**44**) gewählt, da in der Literatur diese Reaktion bereits mit vielen verschiedenen Katalysatorsystemen untersucht wurde. In Tabelle 10 (10-1,10-2) ist ein Vergleich aller in der Literatur gefundenen Katalysatoren für die intermolekulare Hydroaminierungsreaktion von Phenylacetylen (**43**) mit Mesidin (**44**) dargestellt.

Tabelle 10-1: Intermolekulare Hydroaminierung von Phenylacetylen (**43**) mit Mesidin (**44**) .

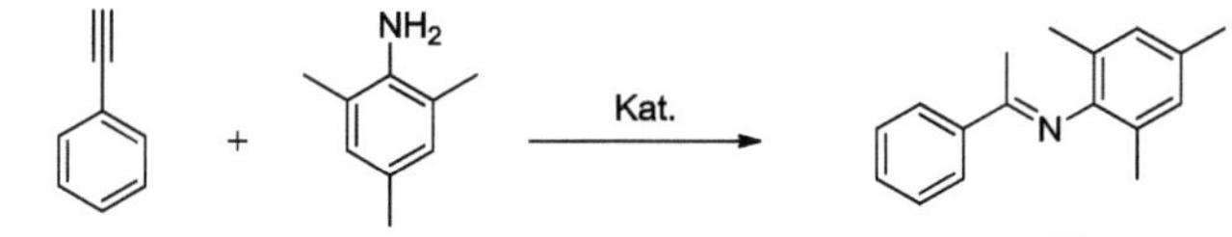

43 **44** **45**

Eintrag	Katalysator	T [°C]	t [h]	Ausbeute [%]	Kat. [Mol%]	Verhältnis Amin/ Alkin
1	**$Zn_2Cp^*_2$ (4)**	**23**	**11.25**	**Quant. (NMR)**	**2.5**	**1 : 1**
2[66]	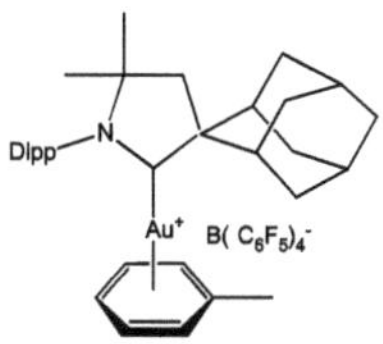	40	16	81 (NMR)	5	1 : 1
3[67]	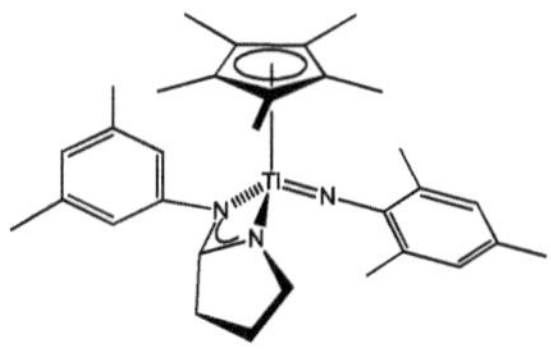	105	24	80[d]	5	1 : 1
4[68]	CuSTA[a]	110	4 8	75 (GC) 95 (GC)		2 : 1 2 : 1
5[69]	CuAlSBA-15[b]	110	6	37		2 : 1
6[70]	Cu-K-10[c]	110	20 20	95 (GC) 91[d]	10 wt (%)	2 : 1
7[71]	$(Ph_3P)AuCH_3$ + $H_3PW_{12}O_{40}$	70	2	93 (NMR)	0.2 : 1	1.1 : 1

[a] Kupfersalz der Siliciumwolframsäure. [b] geordnetes mesoporöses Siliziumdioxid-Material.
[c] Montmorillonit K-10. [d] isolierte Ausbeute

Tabelle 10-2: Intermolekulare Hydroaminierung von Phenylacetylen mit Mesidin.

Eintrag	Katalysator	T [°C]	t [h]	Ausbeute [%]	Kat. [Mol%]	Verhältnis Amin/ Alkin
8[71]	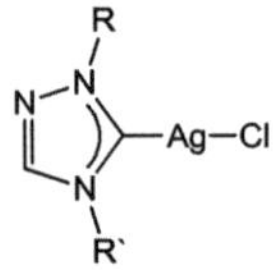 R = $CH_2CO^{t}Bu$, R` = $CH_2Ph$ (**I**) R = $CH_2CONH^{t}Bu$, R` = CH_2Ph (**II**) R = $CH_2CO^{t}Bu$, R` = $CH_2CO^{t}Bu$ (**III**) R = $C_6H_{10}OH$, R` = CH_2Ph (**IV**)	**I** 90 **II** 90 **III** 90 **IV** 90	12	7 0 16 1	2	1 : 1.5
9[71]	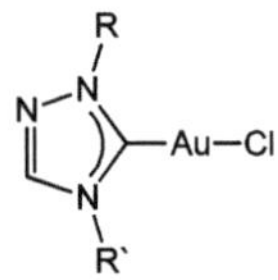 R = $CH_2CO^{t}Bu$, R` = $CH_2Ph$ (**I**) R = $CH_2CONH^{t}Bu$, R` = CH_2Ph (**II**) R = $CH_2CO^{t}Bu$, R` = $CH_2CO^{t}Bu$ (**III**) R = $C_6H_{10}OH$, R` = CH_2Ph (**IV**)	**I** 90 **II** 90 **III** 90 **IV** 90	12	84 75 80 58	2	1 : 1.5
10[71]	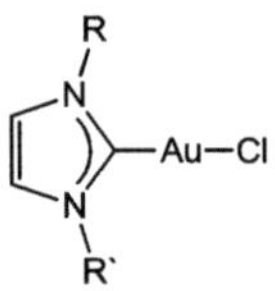 R = $CH_2CONH^{t}Bu$, R` = $CH_2Ph$ (**I**) R = Cy(2-OH), R` = CH_2Ph (**II**)	**I** 90 **II** 90	12	16 46	2	1 : 1.5

Die in Tabelle 10 dargestellten Katalysatorsysteme basieren alle, bis auf einen Titan-Katalysator (Eintrag 3), auf Münzmetallen. Die meisten Systeme benötigen für die Hydroaminierungsreaktion Temperaturen von 90-110 °C (Tabelle 10, Einträge 3-6 und 8-10). Ausnahme bilden zwei Gold-Katalysatorsysteme (Tabelle 10, Einträge 2 und 7), die einen Umsatz zum Additionsprodukt bei 40 °C und 70 °C zeigen. Das Decamethyldizinkocen $Zn_2Cp^*_2$ (**4**) reagiert hingegen unter den gegebenen Reaktionsbedingungen schon bei Raumtemperatur zum gewünschten Produkt (Tabelle 10-1, Eintrag 1). Nach 11.25 Stunden wird ein quantitativer Umsatz erzielt, der zu 99 % isoliert werden kann (Tabelle 10-1, Eintrag

1 sowie Tabelle 11-1, Eintrag 2E). Dem gegenüber sind alle gezeigten Katalysatorsysteme, sogar einige etablierte Gold-und Silber-Katalysatoren (Tabelle 10, Einträge 2 und 8-10), nicht in der Lage in der Hydroaminierungsreaktion von Phenylacetylen (**43**) mit Mesidin (**44**) einen vollständigen Umsatz zu erzielen.

Aufgrund der gewonnenen Erkenntnisse über die hohe katalytische Aktivität des $Zn_2Cp^*_2$ (**4**) in der oben dargestellten Reaktion war es von großem Interesse das Anwendungsspektrum des Katalysatorsystems zu untersuchen. Hierzu wurden mit verschiedenen funktionellen Gruppen substituierte primäre und sekundäre Aniline mit unterschiedlich substituierten und funktionalisierten Arylethinen und Alkinen in der intermolekularen Hydroaminierung untersucht (Tabelle 11-1,11-2).[72]

Tabelle 11-1: $Zn_2Cp^*_2$-katalysierte intermolekulare Hydroaminierung von Aminen mit Alkinen.[a]

Eintrag/ Substrate	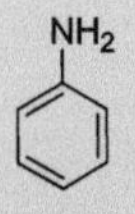 **46** A	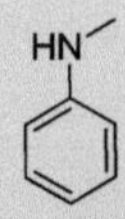 **47** B	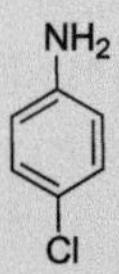 **48** C	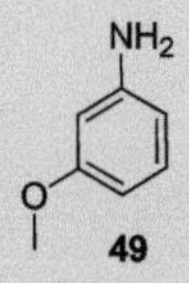 **49** D	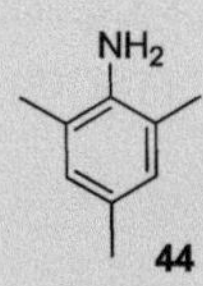 **44** E	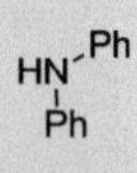 **50** F
1 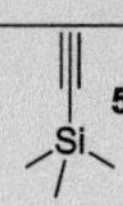 **51**	Produktgemische				—	—
2 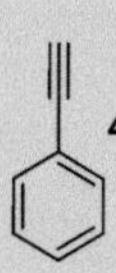 **43**	9 h, 95 %	3.5 h, 82 %	5 h, 87 % (22 % NP)	18 h, 89 % (6 % NP) 36 h, 93 % (7 % NP)	11.25 h, quant.[b] (99 %)[b,c]	—
3 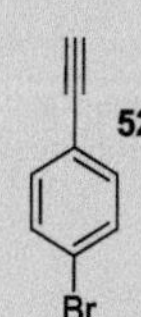 **52**	9 h, 96 %	15 h, 99 %	4 h, 88 % 10 h, quant.	18 h, 75 % 48 h, 93 %	19.66 h, 93 %[b] 21.66 h, 95 %[b]	—
4 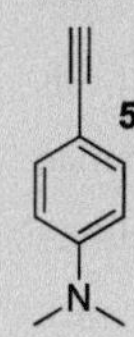 **53**	5 h, quant.	1 h, 20 %	5 h, quant.	25 h, 93 %[b] 48 h, 99 %[b]	19.75 h, 93 %[b] 21.75 h, 96 %[b]	—

Tabelle 11-2: $Zn_2Cp^*_2$-katalysierte intermolekulare Hydroaminierung von Aminen mit Alkinen.[a]

Eintrag/ Substrate	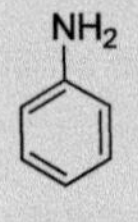 46 A	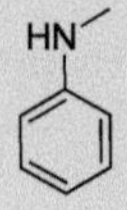 47 B	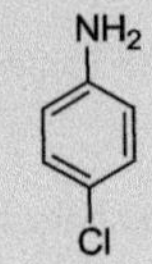 48 C	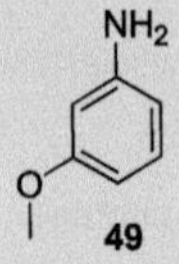 49 D	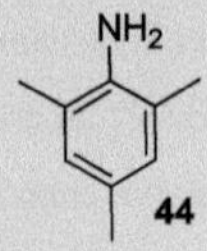 44 E	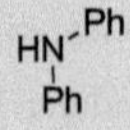 50 F
5 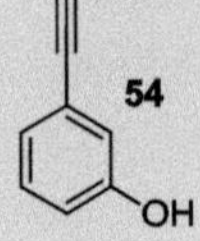 54	6.5 h, 82 % 30 h, 97 %	k. R.	34 h, 99 %	5 h, 38 % 9 h, 41 %	41.75 h, 69 %[b] 43.75 h, 70 %[b]	—
6 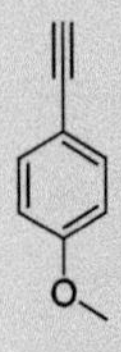 55	8 h, quant. (4 % NP)	3 h, 71 %	5 h, 92 % (8 % NP)	9 h, 97 %	—	k. R
7  56	432 h, 87 %	—	408 h, 99 %	—	—	—
8 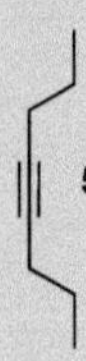 57	k. R.	—	—	—	—	—

[a] Reaktionsbedingungen: Substrate (0.5 mmol), Katalysator (2.5 mol%), $[PhNMe_2H][B(C_6F_5)_4]$ (2.5 mol%), C_6D_6, 80 °C, Umsatz bestimmt mittels ^{1}H-NMR-Spektroskopie. [b] Reaktion bei Raumtemperatur. [c] isolierte Ausbeute. NP = Nebenprodukt, entsprechendes Enamin.

Alle Experimente wurden unter strengem Luft- und Sauerstoffausschluss in d_6-Benzol mit einer Katalysatorbeladung von 2.5 mol% und 2.5 mol% $[PhNMe_2H][B(C_6F_5)_4]$ als Cokatalysator durchgeführt. Die Substrate wurden vor ihrer Verwendung getrocknet und entgast. Die Umsätze wurden mittels ^{1}H-NMR-Spektroskopie durch Bilden des Verhältnisses der Produkt- und Edukt-Signale bestimmt. Als interner Standard wurde Ferrocen verwendet.

Alle Reaktionen wurden in einem auf 80 °C geheizten Trockenschrank durchgeführt, wohingegen die Reaktionen mit Mesidin (**44**) (Tabelle 11, Eintrag E) sowie eine Reaktion mit 3-Methoxyanilin (**49**) (Tabelle 11-1, Eintrag 4D) bei Raumtemperatur ablaufen. In fast allen Fällen wird dabei ein Umsatz von 90-100 % erzielt, wobei regioselektiv das Markownikow-Produkt gebildet wird. Als funktionelle Gruppen der Substrate werden Halogenide, Methoxy-Gruppen und sogar Hydroxy-Gruppen toleriert (Tabelle 11, Einträge C, D, 3, 5 und 6). Die Reaktion mit dem sekundären Diphenylamin (**50**) führt zu keiner Reaktion (Tabelle 11-2, Eintrag 6F), ebenso wie die Reaktion von Methylanilin (**47**) mit 3-Ethinylphenol (**54**) (Tabelle 11-2, Eintrag 5B). Die Reaktionen von Methylanilin (**47**) mit 4-Ethinyl-dimethylanilin (**53**) und 1-Ethinyl-4-methoxybenzol (**55**) (Tabelle 11, Einträge 4B, 6B) führen hingegen zu geringeren Ausbeuten von 20 % und 71 %. Die Verwendung interner Alkine, wie die Reaktion von 4-Octin (**57**) mit Anilin (**46**) (Tabelle 11-2, Eintrag 8A), hat einen drastischen Einfluss auf die Hydroaminierungsreaktion, so wird bei dieser Reaktion keine Umsetzung zum Additionsprodukt beobachtet. Die Reaktion von Diphenylethin (**56**) mit Anilin (**46**) benötigt 18 Tage für einen Umsatz von 87 %, mit Chloranilin (**48**) wird eine Umsetzung von 99 % nach 17 Tagen erzielt (Tabelle 11-2, Einträge 7A und 7C). In der Reaktion von Trimethylsilylacetylen (**51**) mit den entsprechenden Anilin-Derivaten kann lediglich ein Produktgemisch beobachtet werden (Tabelle 11-1, Eintrag 1). Eine Vergleichsreaktion, in der Trimethylsilylacetylen ohne Zugabe eines Amins unter den gleichen Bedingungen untersucht wurde, zeigt keine Veränderung im ^{1}H-NMR-Spektrum. Daher kann eine Reaktion des Substrates mit dem Katalysator oder der während der Reaktion gebildeten aktiven Spezies ausgeschlossen werden. Um sicherzustellen, dass es sich bei den gezeigten Experimenten nicht um eine protonenkatalysierte Hydroaminierungsreaktion handelt, wurde die Reaktion von Phenylacetylen (**43**) und Anilin (**46**) mit 5 mol% Benzoesäure und in einer weiteren Reaktion mit 2.5 mol% $[PhNMe_2H][B(C_6F_5)_4]$ bei 80 °C in d_6-Benzol durchgeführt. In beiden Fällen wird keine Reaktion beobachtet. Eine protonenkatalysierte Hydroaminierung kann somit ausgeschlossen werden. Die notwendige Zugabe von einem Äquivalent $[PhNMe_2H][B(C_6F_5)_4]$ bezogen auf den Katalysator $Zn_2Cp^*_2$ (**4**) zeigt eine Untersuchung, in der die Reaktion von Phenylacetylen (**43**) und Mesidin (**44**) mit 2.5 mol% Katalysator ohne den Cokatalysator durchgeführt wurde. Anstelle der Hydroaminierungsreaktion wird hierbei eine Polymerisation beobachtet, wobei das Reaktionsprodukt nicht identifiziert werden kann. Aufgrund der Konstitution des Decamethyldizinkocens (**4**), welches zwei Cp*-Liganden besitzt, die durch den Cokatalysator $[PhNMe_2H][B(C_6F_5)_4]$ protoniert werden können, stellte sich die Frage, welchen Einfluss die Verhältnisse dieser beiden auf die

Hydroaminierungsreaktion ausüben. Um dieser Frage genauer auf den Grund zu gehen, wurde die Reaktion von 4-Bromphenylacetylen (**52**) und 4-Chloranilin (**48**) erneut mit zwei Äquivalenten $[PhNMe_2H][B(C_6F_5)_4]$ und einem Äquivalent $Zn_2Cp^*_2$ (**4**) bei 80 °C in d_6-Benzol durchgeführt (Tabelle 12). Es zeigt sich zwar bei der Verwendung von zwei Äquivalenten Cokatalysator eine leicht erhöhte Ausbeute nach 2 sowie nach 4 Stunden Reaktionszeit gegenüber der Verwendung von einem Äquivalent (89 % und 92 % gegenüber 83 % und 86 %), allerdings wird der quantitative Umsatz zum Additionsprodukt in beiden Fällen nach 10 Stunden bei 80 °C erhalten. Eine Erhöhung der Cokatalysatormenge scheint also keinen Einfluss auf die Katalyseaktivität der Reaktion zu haben.

Tabelle 12: Variation der Verhältnisse von Katalysator zu Cokatalysator in der intermolekularen Hydroaminierung von 4-Brom-1-Ethinylbenzol (**52**) mit 4-Chloranilin (**48**).[a]

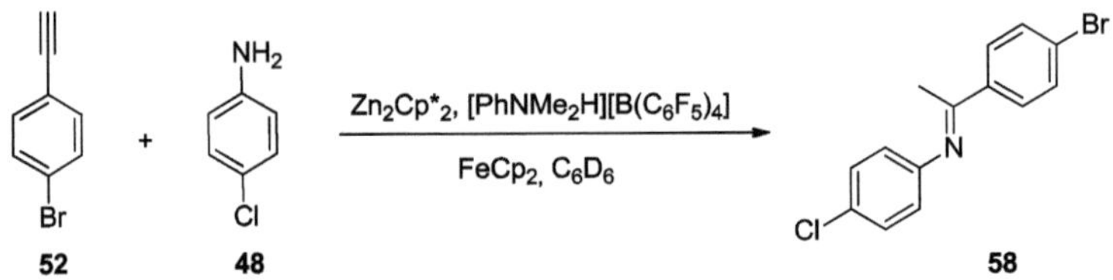

Verhältnis Kat./Cokat.	Zeit [h]	Umsatz[b] [%]
1 : 1	2	83 %
	4	86 %
	10	quant.
1 : 2	2	89 %
	4	92 %
	10	quant.

[a] Reaktionsbedingungen: Amin (0.5 mmol), Alkin (0.5 mmol), 2.5 mol% Katalysator und 2.5/5.0 mol% $[PhNMe_2H][B(C_6F_5)_4]$ in 0.5 mL C_6D_6, RT. [b] mittels ^{1}H-NMR-Spektroskopie, Ferrocen als interner Standard.

Um nun Rückschlüsse über den Einfluss der Substrate auf den Reaktionsverlauf ziehen zu können, wurden die Verhältnisse der eingesetzten Amine und Alkine variiert. Die bei Raumtemperatur ablaufende Hydroaminierungsreaktion von Phenylacetylen (**43**) und Mesidin (**44**) (Tabelle 11-1, Eintrag 2E) wurde mit einem Alkin/Amin-Verhältnis von 1 : 2 sowie von 2 : 1 erneut unter den gegebenen Bedingungen durchgeführt. Die erhaltenen Ergebnisse wurden mit dem verglichen, welches für die Reaktion mit einem Alkin/Amin-Verhältnis von 1 : 1 erhalten wurde (Tabelle 13).

Tabelle 13: Variation der Verhältnisse von Alkin zu Amin in der katalysierten Hydroaminierung von Phenylacetylen (**43**) und Mesidin (**44**).[a]

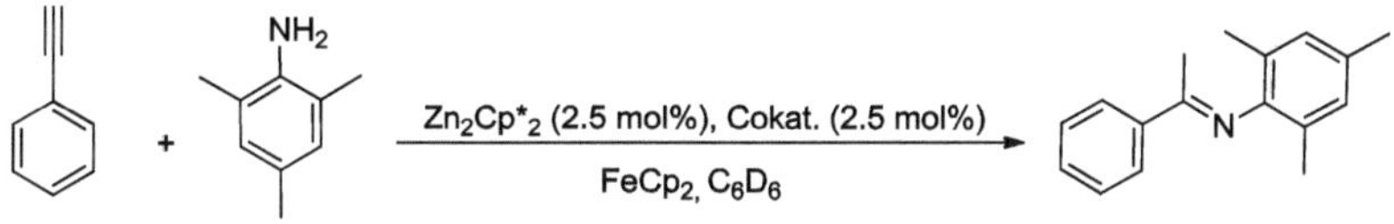

43 **44** **45**

Eintrag	Verhältnis Alkin/Amin	Zeit [h]	Umsatz[b] [%]
1	1 : 1	11.25	quant.
2	2 : 1	5.5	quant.
3	1 : 2	17	96 %

[a] Reaktionsbedingungen: Amin (0.5/1.0 mmol), Alkin (0.5/1.0 mmol), 2.5 mol% Katalysator und 2.5 mol% $[PhNMe_2H][B(C_6F_5)_4]$ in 0.5 mL C_6D_6, RT. [b] mittels ^{1}H-NMR-Spektroskopie, Ferrocen als interner Standard.

Die Erhöhung der Substratmenge an Amin von einem auf zwei Äquivalente bei gleichbleibender Menge an Alkin führt zu einer Abnahme der Reaktionsgeschwindigkeit. Nach 17 Stunden Reaktionszeit kann ein Umsatz von 96 % beobachtet werden (Tabelle 13, Eintrag 3). Durch Verwendung von zwei Äquivalenten Alkin und einem Äquivalent Amin kann hingegen eine enorme Erhöhung der Reaktionsrate erzielt werden. So kann in der Reaktion von Phenylacetylen (**43**) mit Mesidin (**44**) die Reaktionszeit bis zum quantitativen Umsatz von 11.25 h auf 5.5 h und somit um gut die Hälfte verkürzt werden (Tabelle 13, Einträge 1 und 2). In Abbildung 7 ist für die Reaktion von Phenylacetylen (**43**) mit Mesidin (**44**) im Verhältnis 2 : 1 die zeitabhängige Umsetzung der Substrate zum Produkt dargestellt. Hierfür wurde die in einem NMR-Rohr befindliche Reaktionslösung die gesamte Reaktion über in einem NMR-Spektrometer (300 MHz) bei 298 K alle 15 Minuten gemessen, bis anhand der ^{1}H-NMR-Spektren ein quantitativer Umsatz ersichtlich ist. Die kinetischen Untersuchungen zeigen, dass für die ersten 90 % Umsatz die Katalyse eine Reaktion 0. Ordnung darstellt (Abbildung 7). Die sterisch anspruchsvolleren Reste in Nachbarstellung zur NH_2-Gruppe zeigen keinen negativen Einfluss auf die Reaktivität des Amins.

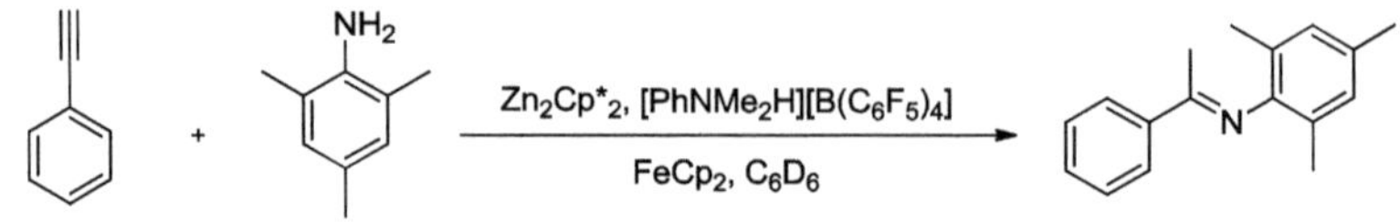

43 **44** **45**

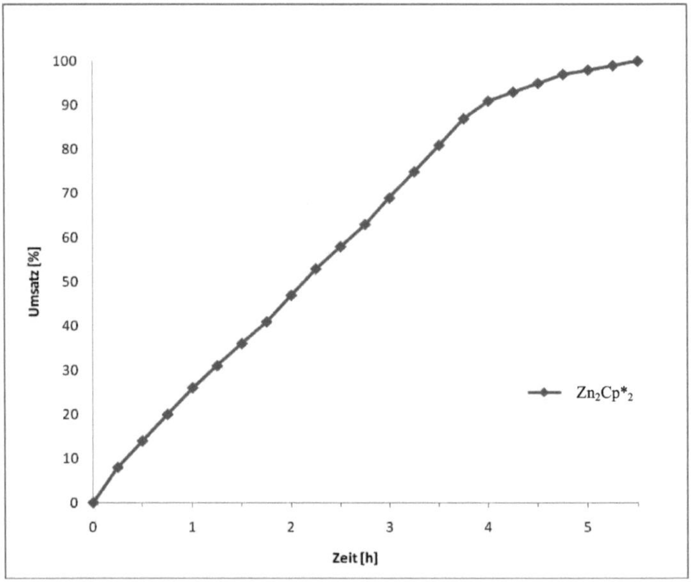

Abbildung 7: Umsetzungsgeschwindigkeit der $Zn_2Cp^*_2$-katalysierten Hydroaminierung von Phenylacetylen (**43**) mit Mesidin (**44**) (Tabelle 11-1, Eintrag 2).[72]

Während der kinetischen Messungen befinden sich die jeweiligen Probelösungen im NMR-Spektrometer. Deshalb waren nur solche Messungen möglich, bei denen ein stabiles Lock-Signal für die Probe erhalten werden konnten. Je wärmer und somit diffuser die Probelösung ist, desto schwieriger wird es, vernünftige Messdaten zu erhalten. Aufgrund dessen haben wir für eine zweite Kinetikuntersuchung die Reaktion von 3-Methoxyanilin (**49**) mit 4-Ethinyl-dimethylanilin (**53**) ausgewählt, die ebenfalls bei Raumtemperatur zum Hydroaminierungsprodukt katalysiert wird. Amin und Alkin wurden hierbei in einem Verhältnis von 1 : 1 eingesetzt. Im Gegensatz zu der oben dargestellten Reaktion von Phenylacetylen (**43**) an Mesidin (**44**) gestaltet sich die Addition von 3-Methoxyanilin (**49**) an 4-Ethinyl-dimethylanilin (**53**) (Tabelle 11-1, Eintrag 4D) schwieriger, wie die in der folgenden Graphik dargestellten kinetischen Messungen zeigen:

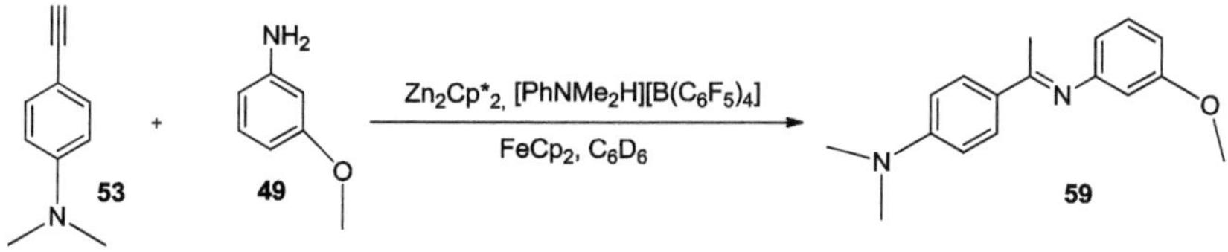

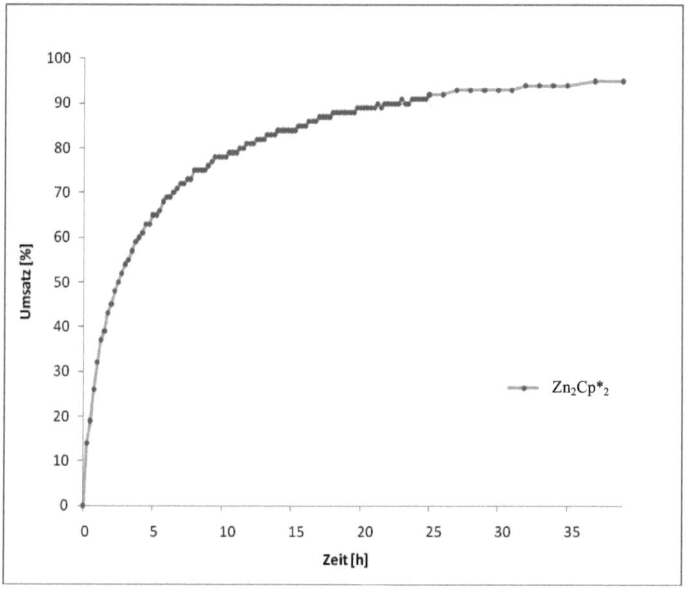

Abbildung 8: Umsetzungsgeschwindigkeit der $Zn_2Cp^*_2$-katalysierten Hydroaminierung von 4-Ethinyldimethylanilin (**53**) mit Methoxyanilin (**49**) (Tabelle 11-1, Eintrag D4).[72]

Nach 11 Stunden Reaktionszeit wird ein Umsatz von 80 % erzielt, danach wird die Reaktionsrate stetig langsamer und nach 39 Stunden kann eine Umsetzung von 95 % zum Additionsprodukt beobachtet werden.

Aus beiden kinetischen Messexperimenten geht hervor, dass die durch Decamethyldizinkocen (**4**) katalysierten Hydroaminierungen keine Induzierungsphase benötigen. Wie aus den Graphen entnommen werden kann, setzt die Produktbildung sofort ein. Die katalytisch aktive Spezies scheint also sofort *in situ* gebildet zu werden. Zudem scheint keine Disproportionierung des Decamethyldizinkocens (**4**) zu Zn^{2+} und elementarem Zink stattzufinden, da die Bildung eines Zinkspiegels während der Reaktionen nicht beobachtet wird. Bisher konnte allerdings noch kein Intermediat abgefangen und charakterisiert werden, so dass bis zum jetzigen Standpunkt noch keine genauen Aussagen über die Natur und die Oxidationsstufe der katalytisch aktiven Spezies getroffen werden können.

3.2.2 Intramolekulare Hydroaminierung mit Decamethyldizinkocen (4)

Nachdem Decamethyldizinkocen (**4**) erfolgreich in der intermolekularen Hydroaminierung eingesetzt wurde, ist seine katalytische Aktivität in der intramolekularen Hydroaminierung von sekundären Aminoalkenen sowie einem Aminoalkin untersucht worden (Tabelle 14).[72] Ebenso wie bei der intermolekularen Hydroaminierung (Abschnitt 3.2.1) werden die Experimente mit einer Katalysatorbeladung von 2.5 mol% und 2.5 mol% $[PhNMe_2H][B(C_6F_5)_4]$ in C_6D_6 durchgeführt. Zwei Aminoalkene und das Aminoalkin (Tabelle 13, Einträge 2,3 und 4) reagieren zum Additionsprodukt bei 80 °C, wohingegen das phenylsubstituierte Aminoalken (**26a**) (Tabelle 14, Eintrag 1) schon bei 40 °C zum Produkt zyklisiert. Die Einführung funktioneller Gruppen, wie den Heterozyklen Furan und Thiophen, zeigt nur einen geringen Einfluss auf die Reaktionsrate (Tabelle 14, Einträge 2 und 3). Das phenylsubstituierte Aminoalken (**26a**) zyklisiert bei 40 °C in 30 Minuten quantitativ, die beiden anderen Aminoalkene zeigen bei 80 °C nach 10 beziehungsweise 40 Minuten quantitativen Umsatz zum zyklisierten Produkt. Im Gegensatz dazu wird bei der intramolekularen Hydroaminierung des primären Aminoalkins (**60a**) eine wesentlich längere Reaktionszeit benötigt (Tabelle 14, Eintrag 4). Nach einer Reaktionszeit von 9 Stunden erhält man das zyklisierte Produkt mit 85 % Ausbeute, wobei 18 % davon als Nebenprodukt in Form des korrespondierenden Enamins anfallen.

Tabelle 14: $Zn_2Cp^*_2$-katalysierte Hydroaminierung von Aminoalkenen und einem Aminoalkin.[a]

Eintrag	Substrat	Produkt	Zeit	Umsatz[b]
1	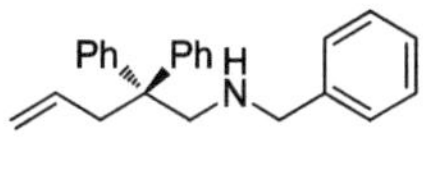 **26a**	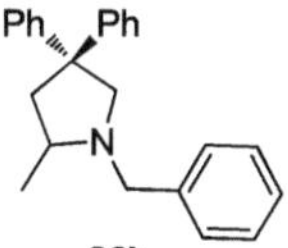 **26b**	30 min[c]	quant.
2	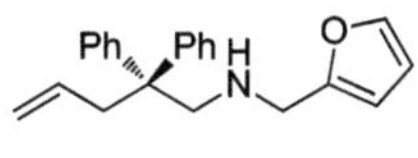 **33a**	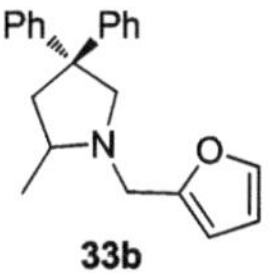 **33b**	40 min	quant.
3	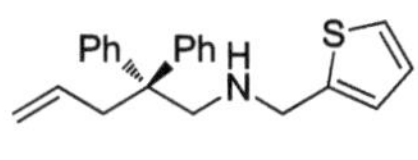 **35a**	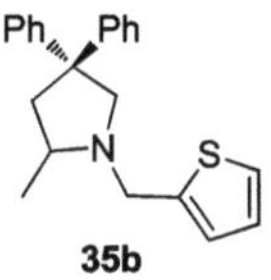 **35b**	10 min	quant.
4	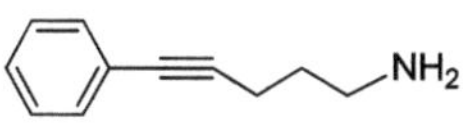 **60a**	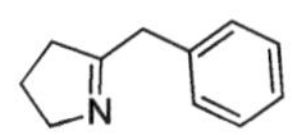 **60b**	9 h 14 h	85 % (18 % NP) 94 % (20 % NP)

[a] Reaktionsbedingungen: Substrat (0.5 mmol), 2.5 mol% Katalysator und 2.5 mol% $[PhNMe_2H][B(C_6F_5)_4]$ in 0.5 mL C_6D_6, 80 °C. [b] mittels ^{1}H-NMR-Spektroskopie, Ferrocen als interner Standard. [c] bei 40 °C Reaktionstemperatur. NP = Nebenprodukt Enamin.

3.2.3 Vergleich einiger ATI-Zink-Komplexe mit Decamethyldizinkocen (4) in der intramolekularen Hydroaminierung von Aminoalkenen

Für einen Vergleich der in Kapitel 3.1 behandelten Aminotroponiminat-Zinkkomplexe mit Decamethyldizinkocen (**4**) als Katalysator ist in Tabelle 15 eine Zusammenstellung der Katalysatorsysteme und der jeweiligen Substrate aufgelistet. Hierbei sollen nur die Ergebnisse der drei aktivsten ATI-Zink-Komplexe **2b**, **7b** und **21b** für einen Vergleich herangezogen werden. $Zn_2Cp^*_2$ (**4**) zeigt als Katalysator in den dargestellten Zyklisierungsreaktionen eine wesentlich höhere Aktivität als die Aminotroponimin-Zink-Komplexe. So werden zum einen kürzere Reaktionszeiten beobachtet (Tabelle 15, Einträge 5-8,9-10,12), zum anderen erfolgt die Reaktion im Fall des Substrats **26a** bereits bei niedrigeren Temperaturen (Tabelle 15,

Einträge 1-4). Lediglich im Fall des Amioalkens **35a** wird für $Zn_2Cp^*_2$ (**4**) und **7b** die gleiche Reaktionszeit von 10 Minuten benötigt (Tabelle 15, Einträge 9 und 11).

Tabelle 15: Katalysierte Hydroaminierungsreaktionen verschiedener sekundärer Aminoalkene.[a]

Eintrag	Substrat	Produkt	Kat.	Zeit	Umsatz[c]
1	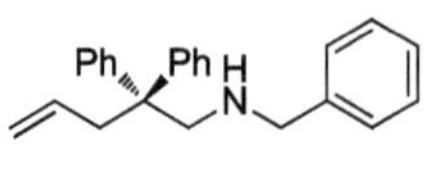 **26a**	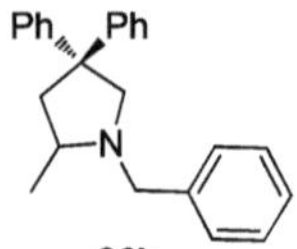 **26b**	$Zn_2Cp^*_2$[b]	30 min[d]	quant.
2			**2b**[a]	95 min	quant.
3			**7b**[a]	20 min	quant.
4			**21b**[a]	40 min	quant.
5	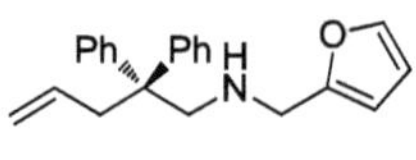 **33a**	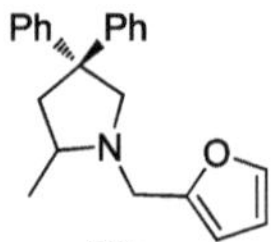 **33b**	$Zn_2Cp^*_2$[b]	40 min	quant.
6			**2b**[a]	6 h	quant.
7			**7b**[a]	2.5 h	quant.
8			**21b**[a]	4 h	quant.
9	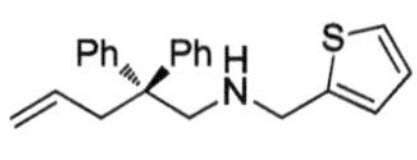 **35a**	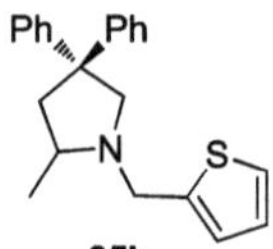 **35b**	$Zn_2Cp^*_2$[b]	10 min	quant.
10			**2b**[a]	20 min	quant.
11			**7b**[a]	10 min	quant.
12			**21b**[a]	5 h	quant.

[a] Reaktionsbedingungen: Substrat (430 µmol), 2.5 mol% Katalysator und 2.5 mol% $[PhNMe_2H][B(C_6F_5)_4]$ in 0.5 mL C_6D_6, 80 °C. [b] Reaktionsbedingungen: Substrat (0.5 mmol), 2.5 mol% Katalysator und 2.5 mol% $[PhNMe_2H][B(C_6F_5)_4]$ in 0.5 mL C_6D_6, 80 °C. [c] mittels ^{1}H-NMR-Spektroskopie, Ferrocen als interner Standard. [d] bei 40 °C Reaktionstemperatur.

3.2.4 Intermolekulare Hydroaminierung mit Decamethylzinkocen (3) und Diethylzink (61)

Aufgrund der guten katalytischen Eigenschaften von $Zn_2Cp^*_2$ (**4**), war es nun von Interesse, die Reaktivität von $ZnCp^*_2$ (**3**) in der Hydroaminierung zu untersuchen. Dazu wurde $ZnCp^*_2$ (**3**) in der Standardreaktion von Phenylacetylen (**43**) und Mesidin (**44**) eingesetzt und mit den für $Zn_2Cp^*_2$ (**4**) gefundenen Ergebnissen verglichen. Die Reaktion wird mit einer Katalysatorbeladung von 2.5 mol% und 2.5 mol% $[PhNMe_2H][B(C_6F_5)_4]$ in C_6D_6 bei Raumtemperatur durchgeführt. Aufgrund der vorherigen Beobachtungen, dass sich ein Verhältnis von Alkin zu Amin von 2 : 1 positiv auf die Reaktionszeit auswirkt, wurde für diese Testreaktion ein Überschuss an Alkin eingesetzt. Tabelle 16 zeigt einen Vergleich der beiden Zink-Komplexe. Die durch Decamethylzinkocen (**3**) katalysierte Reaktion verläuft wesentlich schneller.

Tabelle 16: Vergleich von $Zn_2Cp^*_2$ und $ZnCp^*_2$ in der intermolekularen Hydroaminierung von Phenylacetylen (**43**) und Mesidin (**44**).[a]

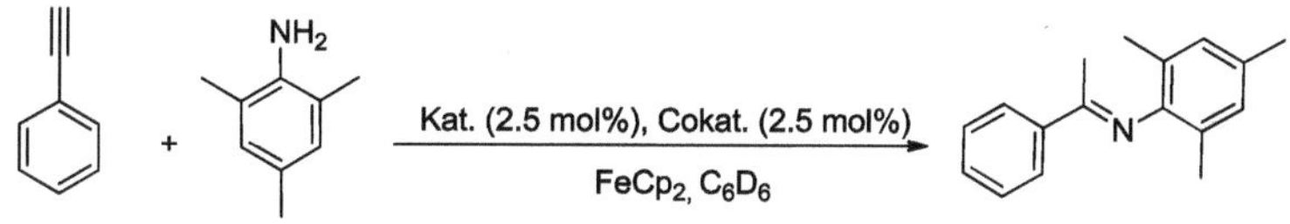

43 **44** **45**

Eintrag	Katalysator	Zeit [h]	Umsatz[b] [%]
1	$Zn_2Cp^*_2$ (**4**)	5.5	quant.
2	$ZnCp^*_2$ (**3**)	2	quant.

[a] Reaktionsbedingungen: Amin (0.5 mmol), Alkin (1 mmol), 2.5 mol% Katalysator und 2.5 mol% $[PhNMe_2H][B(C_6F_5)_4]$ in 0.5 mL C_6D_6, RT. [b] mittels ^{1}H-NMR-Spektroskopie, Ferrocen als interner Standard.

Nach zwei Stunden wird ein quantitativer Umsatz zum Additionsprodukt erhalten, wohingegen mit Decamethyldizinkocen (**4**) eine Reaktionszeit von 5.5 Stunden für einen quantitativen Umsatz benötigt wird. Aufgrund der höheren Aktivität von $ZnCp^*_2$ (**3**) liegt es nahe, für diesen Katalysator ebenfalls ein Substratscreening unter Einführung verschiedener funktioneller Gruppen in die Alkine sowie die Amine durchzuführen. Dabei war von Interesse, ob sich dieser Trend auch in den anderen Experimenten widerspiegelt.

Um die beiden Systeme miteinander vergleichen zu können, werden einige ausgewählte Substrate aus Tabelle 11 verwendet (Tabelle 17, Einträge A-D und 1-4). Bei Verwendung anderer Alkine als dem Phenylacetylen (**43**) zeigte sich kein Unterschied zwischen der Verwendung von 2 Äquivalenten oder 1.5 Äquivalenten auf die Reaktionszeit, weshalb alle Reaktionen mit einem Verhältnis von Alkin zu Amin von 1.5 : 1 durchgeführt wurden. Decamethylzinkocen (**3**) toleriert ebenso wie Decamethyldizinkocen (**4**) in der intermolekularen Hydroaminierung funktionelle Gruppen wie Halogenide und Hydroxy-Gruppen (Tabelle 17, Einträge C, 2 und 4). Die Reaktionstemperatur konnte von 80 °C auf 60 °C gesenkt werden, da alle Reaktionen mit $ZnCp^*_2$ (**3**) wesentlich schneller ablaufen als mit $Zn_2Cp^*_2$ (**4**). Mit Ausnahme der Standardreaktion (Tabelle 17, Eintrag 1D) wurden die anderen Substrate mit Mesidin (**44**) zusätzlich bei 60 °C umgesetzt, um die Reaktionszeiten zu verkürzen. Dennoch zeigt $ZnCp^*_2$ (**3**) bei Raumtemperatur eine erhöhte Aktivität gegenüber der Verwendung von $Zn_2Cp^*_2$ (**4**) als Katalysator (Tabelle 10, Einträge E und Tabelle 17, Einträge D).

Die für Decamethyldizinkocen (**4**) erhaltenen Reaktionszeiten und Tendenzen hinsichtlich der Substrate spiegeln sich bei Verwendung von Decamethylzinkocen (**3**) ebenfalls wider, jedoch sind deutlich niedrigere Temperaturen notwendig. Diese Beobachtung wurde zum Anlass genommen, weitere Substrate in der intermolekularen Hydroaminierung mit $ZnCp^*_2$ (**3**) zu untersuchen. So sollten nun auch Substrate zur Anwendung kommen, die keine aromatischen Reste an der Alkin-Funktion tragen (Tabelle 17, Einträge 5 und 6), beziehungsweise Amine, die eine Alkylgruppe zwischen dem Aromaten und der Amin-Funktion aufweisen, wie Benzylamin (**62**). Diese Verbindungen weisen weniger acide Protonen auf, weshalb sie meist unreaktiver sind als ihre aromatischen Analoga. Bei den Reaktionen mit 1-Ethinylcyclohexen (**63**) und 1-Octin (**64**) (Tabelle 17, Einträge 5 und 6) liegen die Reaktionszeiten wie erwartet höher als bei Verwendung der aromatischen Substrate. Jedoch werden auch hier Ausbeuten von 80-100 % in moderaten Zeiträumen erhalten. Im völligen Gegensatz dazu erfolgt die Reaktion zwischen 1-Octin (**64**) und Mesidin (**44**) bereits bei Raumtemperatur innerhalb von vier Stunden mit quantitativer Ausbeute. 4-Pentin-1-ol (**65**), welches zusätzlich eine terminale Hydroxyfunktion an der Alkylgruppe enthält (Tabelle 17, Eintrag 7), weist dagegen in den ^1H-NMR-spetroskopischen Messungen nur Produktgemische auf. Anders als für die eingesetzten Alkine beobachtet, scheint sich die Natur der an der Reaktion beteiligten Amine stärker auf den Reaktionsverlauf auszuwirken. Dies lässt sich gut am Beispiel des Benzylamins (**62**) (Tabelle 17, Eintrag E) erkennen. Für die Reaktion mit Phenylacetylen (**43**) kann erst nach 7 Tagen ein Umsatz von 81 % verzeichnet werden. Das Amin scheint demnach am geschwindigkeitsbestimmenden Schritt der Reaktion aktiv beteiligt zu sein. Auffällig ist bei den durch Decamethylzinkocen (**3**) katalysierten Reaktionen, dass es häufiger zur Bildung des korrespondierenden Enamins als Nebenprodukt kommt als dies für Decamethyldizinkocen (**4**) beobachtet wird.

Tabelle 17: $ZnCp^*_2$-katalysierte intermolekulare Hydroaminierung von Aminen mit Alkinen.[a]

Eintrag/ Substrate	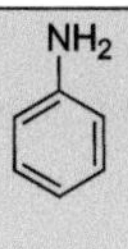 46 A	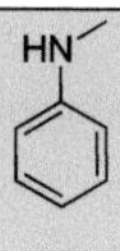 47 B	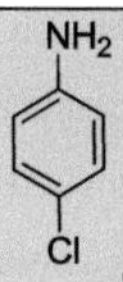 48 C	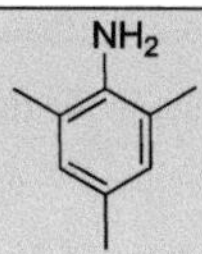 44 D	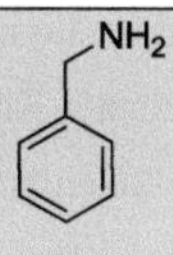 62 E
1 [b] 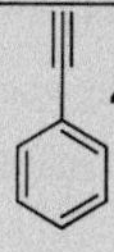 43	9 h, quant. (9 % NP)	2 h, quant. (5 % NP2)	6 h, quant. (21 % NP)	2 h, quant.[d]	168 h, 81 %[c]
2 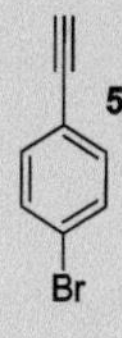 52	14 h, quant. (7 % NP)	2 h, quant.	8 h, quant. (5 % NP)	14 h, quant.[d] 30 min, quant.	—
3 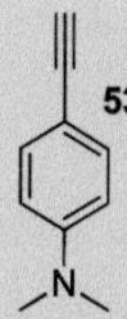 53	8 h, quant.[d] (20 % NP)	1 h, 14 % 20 h, 16 %	2 h, 96 % (15 % NP)	18.75 h, quant. (17 % NP)[d] 2 h, 85 % (9 % NP)	—
4 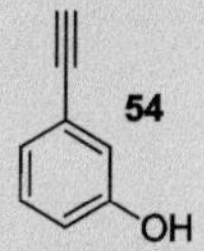 54	4 h, quant.	k. R.	4 h, quant.	47 h, 69 %[d] 6 h, quant.	—
5 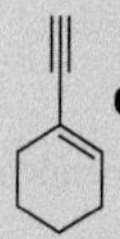 63	12 h, 90 % 19 h, 93 %	Produkt-gemisch	12 h, 85 % 19 h, 88 %	7.5 h, 97 %	—
6 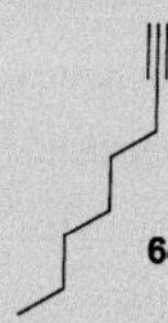 64	14 h, 78 %[c] 63 h, quant.[c]	12 h, 72 %[c]	19 h, quant.[c]	4 h, quant.[d]	—
7  65	Produktgemische				—

[a/b] Reaktionsbedingungen: Amin (0.5 mmol), Alkin (0.75 mmol/1.0 mmol), 2.5 mol% Katalysator und 2.5 mol% $[PhNMe_2H][B(C_6F_5)_4]$ in 0.5 mL C_6D_6, 60 °C, Umsatz bestimmt mittels ^{1}H-NMR-Spektroskopie, Ferrocen als interner Standard. [c] Reaktion bei 80 °C. [d] Reaktion bei RT. NP = Nebenprodukt Enamin, NP2 = unbekanntes Nebenprodukt.

Ebenso wie Decamethylzinkocen (**3**) gehört das kommerziell erhältliche Diethylzink (**61**) zu den Zinkorganylen vom Aufbau ZnR_2. Da sich Diethylzink (**61**) schon in früheren Arbeiten als effizienter Katalysator für die intramolekulare Hydroaminierung von Aminoalkenen und Aminoalkinen bewährt hat,[73] erschien es sinnvoll, einen Vergleich mit Diethylzink (**61**) als Katalysator für die intermolekulare Hydroaminierung heranzuziehen, um den Einfluss der aromatischen sowie aliphatischen Reste R auf die katalytische Aktivität zu untersuchen. Hierfür wurde erneut die Standardreaktion von Phenylacetylen (**43**) mit Mesidin (**44**) als Testreaktion herangezogen. Die Reaktion wurde ebenfalls mit einer Katalysatorbeladung von 2.5 mol% und 2.5 mol% $[PhNMe_2H][B(C_6F_5)_4]$ in C_6D_6 bei Raumtemperatur durchgeführt. Das Verhältnis von Alkin zu Amin beträgt 2 : 1.

Tabelle 18: Vergleich von $ZnCp^*_2$ (**3**) und $ZnEt_2$ (**61**) in der intermolekularen Hydroaminierung von Phenylacetylen (**43**) und Mesidin (**44**).[a]

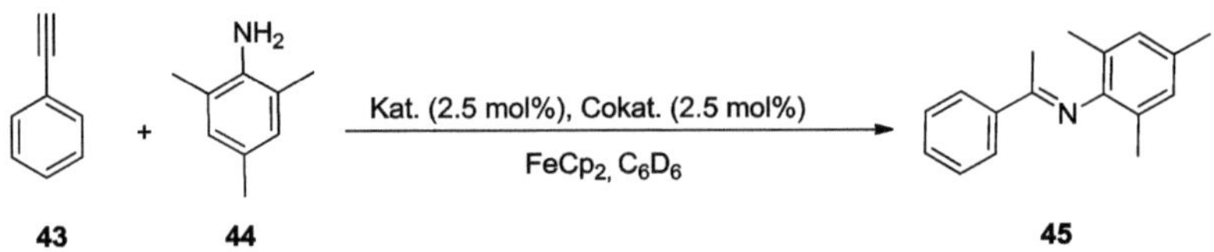

Eintrag	Katalysator	Zeit [h]	Umsatz[b] [%]
1	$ZnCp^*_2$ (**3**)	2	quant.
2	$ZnEt_2$ (**61**)	4.25	quant.

[a] Reaktionsbedingungen: Amin (0.5 mmol), Alkin (1 mmol), 2.5 mol% Katalysator und 2.5 mol% $[PhNMe_2H][B(C_6F_5)_4]$ in 0.5 mL C_6D_6, RT. [b] mittels ^{1}H-NMR-Spektroskopie, Ferrocen als interner Standard.

Wie aus Tabelle 18 zu entnehmen ist, erweist sich Decamethylzinkocen (**3**) mit 2 Stunden Reaktionszeit als effektiverer Katalysator für diese Reaktion als Diethylzink (**61**), welches 4.25 Stunden für einen quantitativen Umsatz zum Additionsprodukt benötigt. Für einen besseren Vergleich der beiden Komplexe wurden weitere Substrate aus Tabelle 17 untersucht. Tabelle 19 zeigt einen Überblick über die eingesetzten Substrate und die benötigten Reaktionszeiten. Wie schon in den Reaktionen mit $Zn_2Cp^*_2$ (**4**) wurde hier ein Verhältnis von Alkin zu Amin von 1.5 : 1 eingesetzt. Lediglich im Fall von Phenylacetylen (**43**) als Substrat beträgt das Verhältnis 2 : 1. Die Bildung des Enamins als Nebenprodukt wird hier ebenfalls häufiger als für Decamethyldizinkocen (**4**) beobachtet. In allen in Tabelle 19 untersuchten Reaktionen weist Decamethylzinkocen (**3**) eine höhere Aktivität als Diethylzink (**61**) auf. In den Reaktionen von Phenylacetylen (**43**) mit Mesidin (**44**), 3-Ethinylphenol (**54**) mit

4-Chloranilin (**48**) und 1-Octin (**64**) mit Mesidin (**44**) sind diese Unterschiede besonders signifikant (Tabelle 19, Einträge 1D, 4C und 6D). Aromatische Reste am Zink scheinen somit die Aktivität des Katalysators zu erhöhen.

Um genauere Eindrücke über die Umsetzungsgeschwindigkeiten der beiden Katalysatorsysteme zum Additionsprodukt zu bekommen, wurden für zwei verschiedene Hydroaminierungsreaktionen mittels ^{1}H-NMR-Spektroskopie kinetische Messungen durchgeführt. Das mit der Reaktionslösung befüllte NMR-Röhrchen verblieb die gesamte Messdauer im NMR-Spektrometer, welches auf Raumtemperatur bzw. 80 °C eingestellt wurde. Es wurden die Reaktionen von 1-Brom-4-ethinylbenzol (**52**) sowie 1-Octin (**64**) mit Mesidin (**44**) untersucht (Tabelle 19, Einträge 2D und 6D).

Tabelle 19: $ZnEt_2$-katalysierte intermolekulare Hydroaminierung von Aminen mit Alkinen.[a]

Eintrag/ Substrate		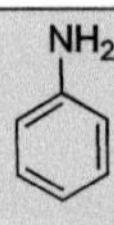 46 A	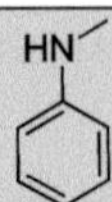 47 B	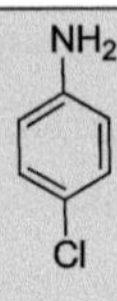 48 C	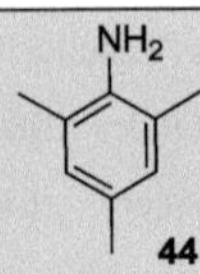 44 D
1[b]	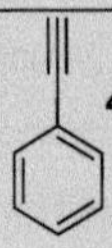 43	—	2 h, 89 % (+ NP2)	—	4.25 h, quant.[c]
2	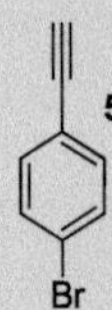 52	—	—	—	33 min, quant.
3	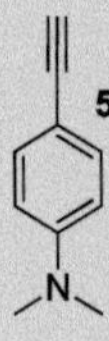 53	—	—	2 h, 94 % (7 % NP)	—
4	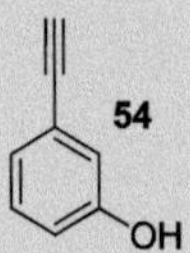 54	—	—	3 h, 63 % 16 h, 75 %	—
5	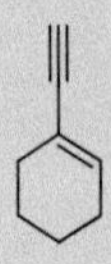 63	19 h, 90 %	—	—	—
6	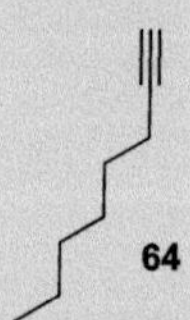 64	—	—	—	14.75 h, 98 %[c]

[a/b] Reaktionsbedingungen: Amin (0.5 mmol), Alkin (0.75 mmol/ 1.0 mmol), 2.5 mol% Katalysator und 2.5 mol% $[PhNMe_2H][B(C_6F_5)_4]$ in 0.5 mL C_6D_6, 60 °C, Umsatz bestimmt mittels ^{1}H-NMR-Spektroskopie, Ferrocen als interner Standard. [c] Reaktion bei RT. NP = Nebenprodukt Enamin, NP2 = unbekanntes Nebenprodukt.

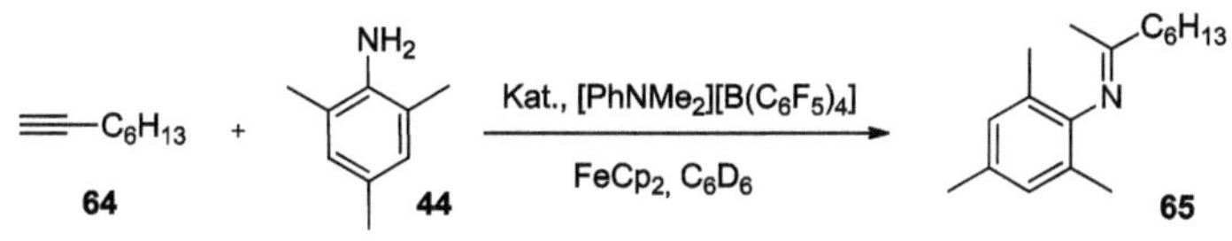

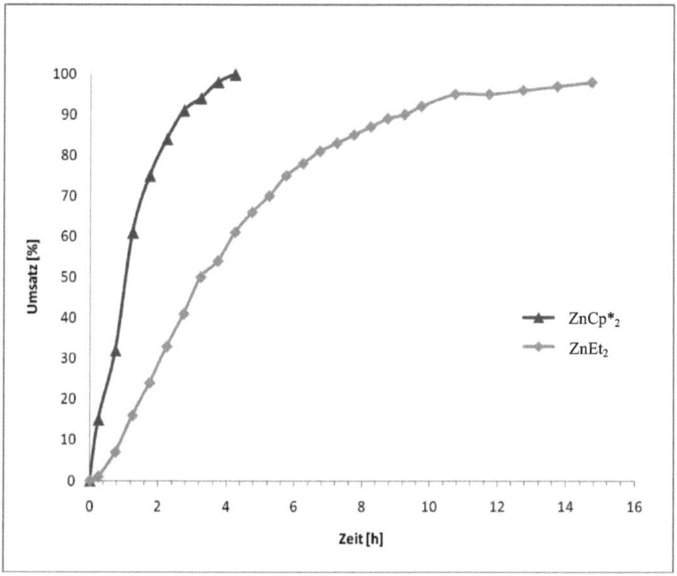

Abbildung 9: Umsetzungsgeschwindigkeiten der $ZnCp^*_2$- und $ZnEt_2$-katalysierten Hydroaminierung von 1-Octin (**64**) mit Mesidin (**44**) (Tabellen 17 und 19, Eintrag D6).

Wie schon für Decamethyldizinkocen (**4**) beobachtet, benötigen die beiden Katalysatorsysteme keine Induzierungsphase. Die katalytisch aktiven Spezies werden sofort *in situ* gebildet. Allerdings zeigen die in Abbildung 9 und 10 dargestellten kinetischen Messungen für die beiden Katalysatorsysteme unterschiedliche Aktivitäten. In der in Abbildung 9 dargestellten Reaktion ist der Unterschied besonders ausgeprägt. Die durch Decamethylzinkocen (**3**) katalysierte Reaktion reagiert bei Raumtemperatur innerhalb von 4 Stunden quantitativ zum Additionsprodukt, wohingegen die quantitative Reaktion mit Diethylzink (**61**) als Katalysator 14.75 Stunden benötigt.

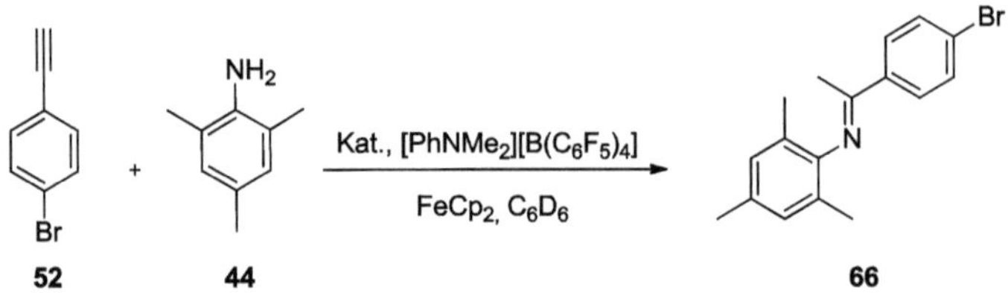

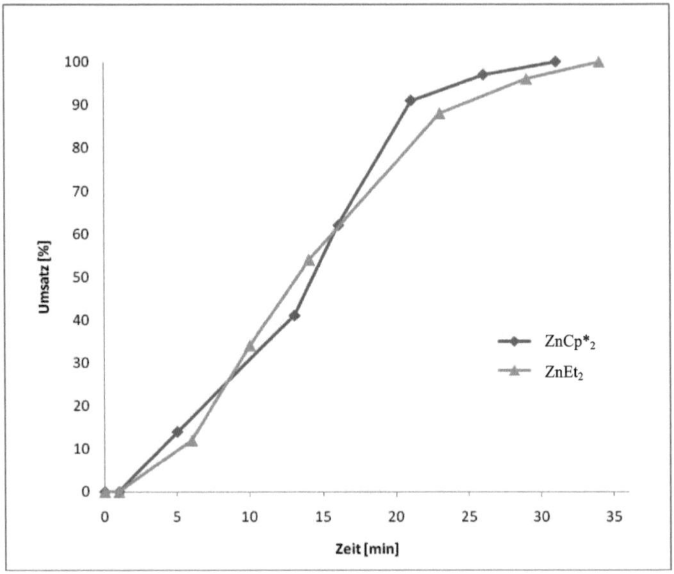

Abbildung 10: Umsetzungsgeschwindigkeiten der $ZnCp^*_2$- und $ZnEt_2$-katalysierten Hydroaminierung von 4-Brom-1-Ethinylbenzol (**52**) mit Mesidin (**44**) (Tabellen 17 und 19, Eintrag D2).

In Abbildung 10 ist die katalysierte Reaktion von 4-Brom-1-Ethinylbenzol (**52**) mit Mesidin (**44**) bei 60 °C dargestellt. Aufgrund der Kürze der Reaktionszeiten und den benötigten Messzeiten für die jeweiligen ^{1}H-NMR-Spektren war die Aufnahme der Datenpunkte nach bestimmten Zeitintervallen begrenzt, was sich an den Graphen wiederspiegelt. Die erhaltenen Datenpunkte wurden mit Geraden interpoliert. Die durch Decamethylzinkocen (**3**) und Diethylzink (**61**) katalysierten Reaktionen verlaufen nahezu gleich und zeigen nach 30 Minuten für $ZnCp^*_2$ (**3**) und 33 Minuten für $ZnEt_2$ (**61**) einen quantitativen Umsatz. Die wenigen Datenpunkte lassen keine eindeutigen Aussagen über die Aktivitätsunterschiede der beiden Systeme für diese Reaktion treffen.

3.2.5 Vergleich von Decamethyldizinkocen (4), Decamethylzinkocen (3) und Diethylzink (61) in der intermolekularen Hydroaminierung von Alkinen

Die drei in der intermolekularen Hydroaminierung von Alkinen mit Aminen angewendeten Katalysatoren, Decamethyldizinkocen (**4**), Decamethylzinkocen (**3**) und Diethylzink (**61**), sind alle in der Lage funktionelle Gruppen wie Halogenide, Methoxy- und Hydroxy-Gruppen zu tolerieren. Sekundäre Amine werden langsamer umgesetzt als primäre Amine. Die Einführung von Alkyl-Resten in die Alkine zeigt einen geringeren Einfluss auf die Reaktionszeiten als die Verwendung eines benzylischen Amins. Es ist davon auszugehen, dass die Acidität der Amine für den geschwindigkeitsbestimmenden Schritt der Reaktionen von Bedeutung ist. In Abbildung 11 ist abschließend die Kinetik für die Reaktion von Phenylacetylen (**43**) mit Mesidin (**44**) für alle drei Katalysatoren zusammengetragen. Exemplarisch für alle anderen diskutierten Reaktionen wird die höchste Aktivität und somit kürzeste Reaktionszeit bei Verwendung von Decamethylzinkocen (**3**) erhalten. Decamethyldizinkocen (**4**) und Diethylzink (**61**) zeigen in der Standardreaktion ungefähr die gleiche Aktivität. Die bei Decamethyldizinkocen (**4**) gebildete aktive Spezies konnte bislang nicht als Intermediat abgefangen und charakterisiert werden, sie scheint aber aufgrund der unterschiedlichen Aktivitäten anderer Natur zu sein, als die aktive Spezies des Decamethylzinkocens (**3**).

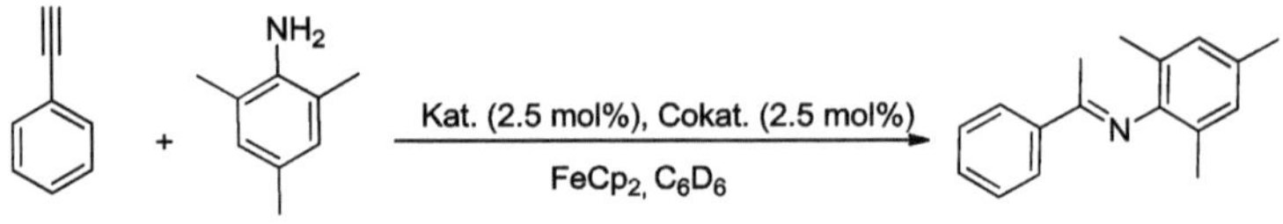

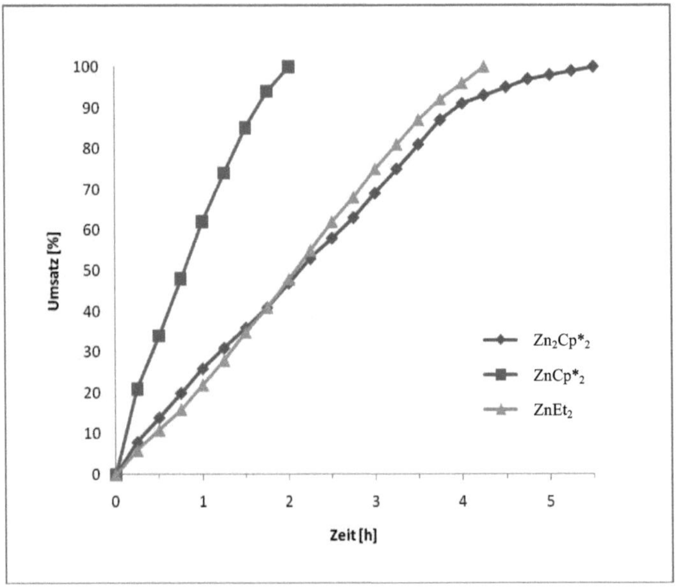

Abbildung 11: Umsetzungsgeschwindigkeiten der Zn_2Cp*_2-, $ZnCp*_2$- und $ZnEt_2$-katalysierten Hydroaminierung von Phenylacetylen (**43**) mit Mesidin (**44**) (Tabelle 13, Eintrag 2 und Tabellen 17 und 19, Eintrag 1D).

Die Verwendung von Decamethylzinkocen (**3**) und Diethylzink (**61**) führt in den meisten Fällen zu kürzeren Reaktionszeiten als bei Decamethyldizinkocen. Allerdings kommt es dabei in mehreren Reaktionen zur verstärkten Bildung des Enamins als Nebenprodukt. Alle drei Systeme haben sich als gute Katalysatoren für die intermolekulare Hydroaminierung erwiesen. Unter Verwendung von Decamethyldizinkocen (**4**) wurde das erste Mal eine Verbindung mit einer Zink-Zink-Einfachbindung auf seine katalytischen Eigenschaften getestet. Ein Bestandteil weiterer Forschungen wird sein, die während der Reaktion entstehenden Intermediate zu isolieren, um Einblicke in die Struktur und die Oxidationsstufe der aktiven Spezies erhalten zu können.

4 Goldkatalysierte Hydroaminierung von Alkinen

4.1 Synthese der Goldkomplexe

Ausgehend von dem kommerziell erhältlichen (*S*)-(+)-4,12-Bis(diphenyl)-[2.2]-paracyclophan (**67a**) und dem in der Arbeitsgruppe von *Dr. J. Paradies* hergestellten (*S*)-(+)-4,13-Bis(diphenyl)-[2.2]-paracyclophan (**68a**) wurden in unserer Arbeitsgruppe von *C. Sarcher* die entsprechenden Gold(I)-Komplexe (**67b, 68b**) synthetisiert (Schema 21).

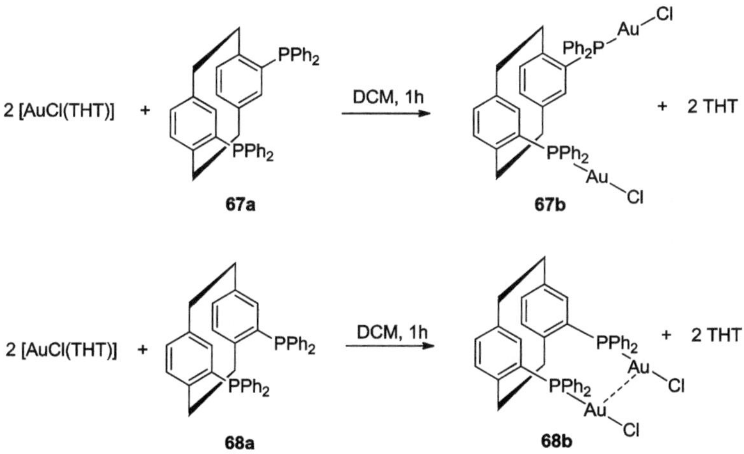

Schema 21 : Darstellung der Gold(I)-Komplexe.

Durch die Umsetzung von zwei Äquivalenten [AuCl(THT)] mit einem Äquivalent der entsprechenden Liganden in Dichlormethan konnten nach einer Stunde bei Raumtemperatur die Komplexe {(*S*)-(+)-4,12-Bis(diphenyl)phosphino-[2.2]-paracyclophan}bis[chlorogold(I)] (**67b**) und {(*S*)-(+)-4,13-Bis(diphenyl)phosphino-[2.2]-paracyclophan}bis[chlorogold(I)] (**68b**) dargestellt werden.

Die beiden Gold(I)-Komplexe sollten nun hinsichtlich ihrer Aktivität in der inter- und intramolekularen Hydroaminierung von Alkinen untersucht werden. Vor allem ist dabei von Interesse, ob sich deren Reaktivität aufgrund vorhandener beziehungsweise nicht vorhandener Gold-Gold-Wechselwirkungen unterscheidet, um Aussagen über deren Einfluss auf die Katalyseaktivität treffen zu können.

4.2 Intermolekulare Hydroaminierung mit {(*S*)-(+)-4,12-Bis(diphenyl)phosphino-[2.2]-paracyclophan}bis[chlorogold(I)] (67b) und {(*S*)-(+)-4,13-Bis(diphenyl)-phosphino-[2.2]-paracyclophan}bis[chlorogold(I)] (68b)

Die beiden Gold-Komplexe **67b** und **68b** wurden in drei Reaktionen in der intermolekularen sowie an einem sekundären Aminoalkin in der intramolekularen Hydroaminierung eingesetzt (Tabelle 19). Alle Reaktionen wurden mit einer Katalysatorbeladung von 5 mol% unter Zugabe von 10 mol% $AgBF_4$ in d_8-THF durchgeführt. Die Probelösungen wurden bei 60 °C in einem Trockenschrank gelagert und der Umsatz regelmäßig durch ^{1}H-NMR-Messungen überprüft. Das Interesse bei den Gold-Komplexen besteht hauptsächlich darin, festzustellen inwieweit Gold-Gold-Wechselwirkungen sich in einem Komplex auf dessen katalytische Aktivität auswirken. Deshalb wurden einfache Substrate ohne funktionelle Gruppen, wie Anilin (**46**), Mesidin (**44**), Phenylacetylen (**43**) und Ethinylcyclohexen (**63**) gewählt. Die Substrate unterscheiden sich lediglich in ihrem sterischen Anspruch und ihrer Aromatizität. Der Einsatz des **68b** mit Gold-Gold-Wechselwirkungen erwies sich für die Reaktionen von Phenylacetylen (**43**) mit Anilin (**46**) sowie Mesidin (**44**) als effektiver (Tabelle 20, Einträge 1-4). Die Reaktion von Ethinylcyclohexen (**63**) mit Mesidin (**44**), die erstaunlicherweise trotz fehlendem aromatischen Rest am Alkin entgegen der Erwartung schon bei einer Reaktionstemperatur von 40 °C abläuft, zeigt hingegen bei Verwendung von **67b** eine erhöhte Aktivität im Vergleich zu **68b** (Tabelle 20, Einträge 5-6). **67b** benötigt für einen quantitativen Umsatz zum Additionsprodukt 3.25 Stunden. Die Reaktion mit **68b** benötigt hingegen 7 Stunden.

Die intramolekulare Hydroaminierung des unaktivierten Aminoalkens (**60a**) erfordert für einen effektiven Umsatz ebenfalls Temperaturen von 60 °C (Tabelle 20, Einträge 7-8).

Tabelle 20: **67b**- und **68b**-katalysierte Hydroaminierung von Alkinen mit Aminen sowie von einem Aminoalkin.[a]

Eintrag	Substrate	Produkt	Kat.	Zeit [h]	Umsatz[c] [%]
1	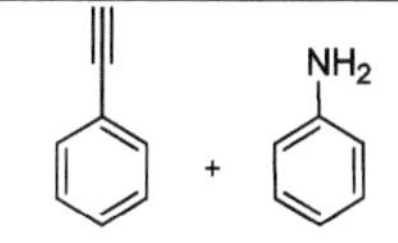 43 + 46	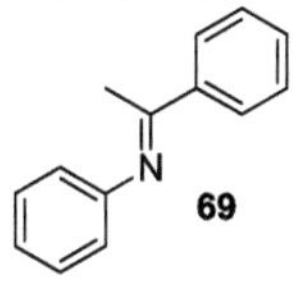 69	**67b**	10	82
2			**68b**	5	99
3	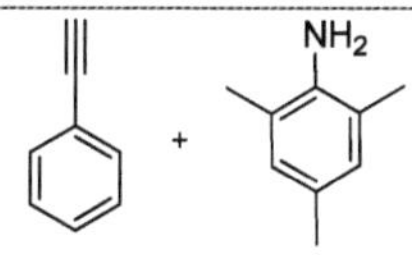 43 + 44	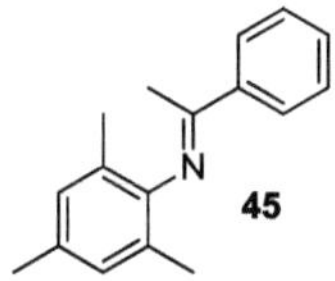 45	**67b**	12	69
4			**68b**	6	73
5	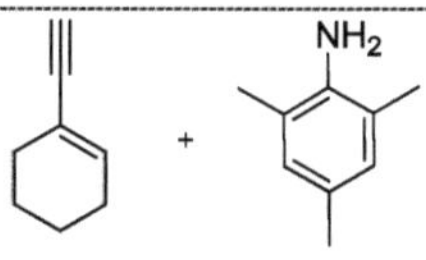 63 + 44	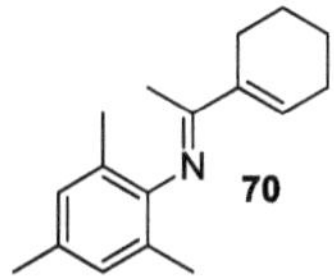 70	**67b**	3.25	quant.[b]
6			**68b**	7	quant.[b]
7	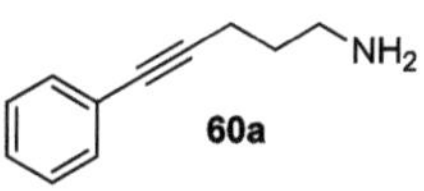 60a	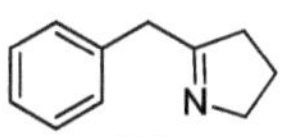 60b	**67b**	3	94
8			**68b**	2	93

[a] Reaktionsbedingungen: Substrat (0.46 mmol), 5 mol% Katalysator und 10 mol% $AgBF_4$ in 0.5 mL d_8-THF, 60 °C. [b] Reaktionstemperatur 40 °C. [c] mittels ^{1}H-NMR-Spektroskopie, Ferrocen oder Hexamethylbenzol als interner Standard.

Für die Reaktion von Ethinylcyclohexen (**63**) mit Mesidin (**44**) wurden für **67b** und **68b** ebenfalls kinetische Messungen durchgeführt. Die Probelösungen verblieben während der Messungen in einem auf 40 °C beheizten NMR-Spektrometer. Die Messungen wurden alle 15 Minuten durchgeführt. Abbildung 12 zeigt die durch Geraden verbundenen Datenpunkte der jeweiligen Messungen. Die Kurve von **67b** zeigt bis 85 % Umsatz einen nahezu linearen Anstieg, es liegt also eine Reaktion 0. Ordnung vor. Anschließend verläuft die Reaktion langsamer, was durch das Vorhandensein weniger Eduktmoleküle in der Lösung zu erklären ist. Scheinbar wird im Fall von **68b** die aktive Spezies erst im Laufe einer Initiierungsphase von ca. einer Stunde gebildet. Die Reaktion ist generell langsamer als für **67b**. Weitere kinetische Untersuchungen sind hierfür notwendig um detailliertere Aussagen über die Aktivität des Katalysators treffen zu können.

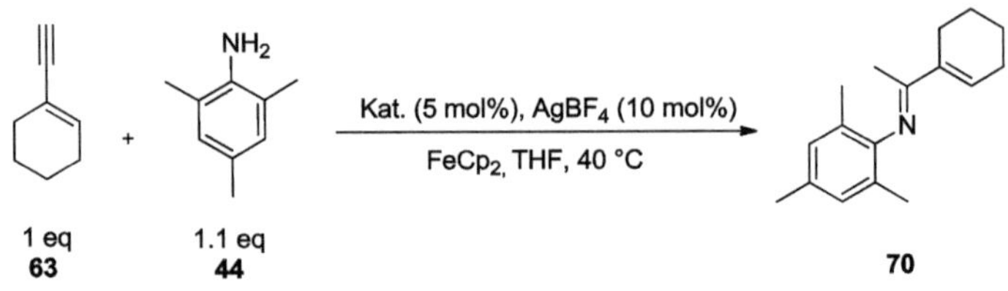

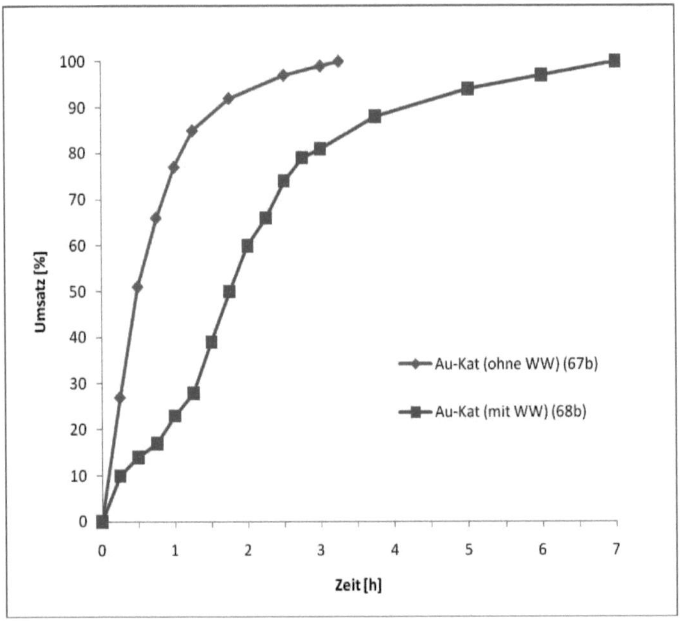

Abbildung 12: Umsetzungsgeschwindigkeiten der **67b**- und **68b**-katalysierten Hydroaminierung von Ethinylcyclohexen mit Mesidin (Tabelle 20, Einträge 5 und 6).

Ein Vergleich der Gold-Komplexe **67b** und **68b** in der inter- und intramolekularen Hydroaminierung mit den bis *dato* durchgeführten Experimenten lässt keine eindeutigen Aussagen über die Auswirkungen der Gold-Gold-Wechselwirkung auf deren Katalyseaktivität zu. Die Reaktionszeiten, die für die beiden diskutierten Komplexe in den einzelnen Reaktionen beobachtet wurden, sind unterschiedlich. Welcher Komplex für welche Substrate besser geeignet ist, kann mit den bisher erhaltenen Ergebnissen allerdings nicht beurteilt werden.

II. Experimenteller Teil

1 Allgemeines

Arbeitstechnik

Die Handhabung luftempfindlicher Verbindungen erfolgt unter strengem Ausschluss von Luft und Feuchtigkeit. Alle Schlenkgefäße wurden an Hochvakuumapparaturen mit einem Endvakuum von ca. 10^{-3} mbar ausgeheizt oder in Gloveboxen der Firma *MBraun* unter Schutzgasatmosphäre aus Argon verwendet. Vorrats- und Reaktionsgefäße wurden über Schlauch- oder Schliffverbindungen an die Apparaturen angeschlossen und mehrmals abwechselnd auf Maximalvakuum evakuiert und mit Stickstoff geflutet.

Lösemittel

Kohlenwasserstoffe (*n*-Pentan, *n*-Heptan und Toluol) wurden vor Gebrauch über eine Lösemitteltrocknungsanlage (SPS-800) der Firma *MBraun* getrocknet und im Argongegenstrom in Schlenkgefäße für die weitere Verwendung überführt. Etherische Lösemittel wurden nach Entnahme aus der SPS-Anlage zusätzlich über K/Benzophenon unter Stickstoffatmosphäre destilliert. Benzol-d_6 und THF-d_8 wurden über Natrium-Kaliumlegierung gelagert. Andere Lösemittel wurden bei Bedarf destilliert und über Molekularsieb 4 Å getrocknet.

Dünnschichtchromatogramme (DC)

Dünnschichtchromatogramme wurden mit DC-Folien der Firma *Merck* (Kieselgel 60) aufgenommen. Als Färbereagenz wurde Kaliumpermanganat verwendet.

Chromatographie

Säulenchromatographie wurde mit Kieselgel H nach *Stahl* (Korngröße 10-40 µ) durchgeführt.

NMR-Spektroskopie

NMR-Spektren wurden mit den Geräten AV 400 (400 MHz) und AV 300 (300 MHz) der Firma *Bruker* aufgenommen. Als Lösemittel dienten Deuterochloroform ($CDCl_3$), Deuterobenzol (C_6D_6) und Tetradeuterofuran (THF-d_8). Die chemischen Verschiebungen sind in ppm-Werten auf der δ-Skala relativ zum internen Standard Tetramethylsilan angegeben. In Klammern sind die Multiplizität, die Kopplungskonstante (Hz) und die Signalintensität angegeben. Die Signalmultiplizität ist wie folgt gekennzeichnet: (s) Singulett, (d) Duplett, (t) Triplett, (q) Quartett, (sept) Septett und (m) Multiplett. Die Spektren wurden, sofern nicht anders angegeben, bei 298 K aufgenommen.

EI- und ESI-MS-Spektroskopie

Die Aufnahme der Massenspektren erfolgte unter Verwendung eines Massenspektrometers des Typs MAT 8200 der Firma *Finnigan* unter den Bedingungen der Elektronenstoß-Ionisation.

2 Synthesevorschriften und spektroskopische Daten

2.1 Synthese und Charakterisierung der Aminoalkene

2,2-Diphenylpent-4-enylamin (71)

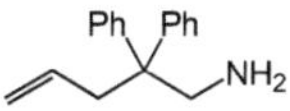

I) In einem 500 mL-Schlenkkolben wird Diisopropylamin (10.6 g, 105 mmol) unter Stickstoffatmosphäre in 200 mL THF vorgelegt und auf -78 °C gekühlt. Dann werden langsam 64.4 mL *n*-BuLi (1.6 M in *n*-Hexan, 64.4 mL, 103 mmol) hinzugetropft und für weitere 30 min bei -78 °C gerührt. Nach Erwärmung auf 0 °C, wird eine Lösung von Diphenylacetonitril (19.3 g, 100 mmol) in 50 mL THF hinzugetropft und für weitere 2 h bei 0 °C gerührt. Nach Zutropfen von 10.4 mL Allylbromid (14.5 g, 120 mmol) wird bei RT über Nacht gerührt. Dann werden alle flüchtigen Bestandteile im Vakuum entfernt und der Rückstand in 50 mL Wasser und 50 mL MTBE aufgenommen. Die wässrige Phase wird mit MTBE (2×30 mL) extrahiert. Die vereinigten organischen Phasen werden mit ges. NaCl-Lösung (20 mL) gewaschen und über $MgSO_4$ getrocknet. Nach dem Einengen am Rotationsverdampfer verbleibt als Rohprodukt das Nitril, welches sauber genug für die weitere Umsetzung ist.

II) In einem 500 mL-Schlenkkolben wird $LiAlH_4$ (6.8 g, 180 mmol) in 150 mL trockenem Diethylether unter Stickstoffatmosphäre vorgelegt und auf 0 °C gekühlt. Dann wird eine Lösung des oben hergestellten Nitrils (22.0 g, 94.3 mmol) in 100 mL trockenem Diethylether zugetropft und die entstandene Suspension für 24 h zum Rückfluss erhitzt. Nach erneutem Kühlen auf 0 °C wird tropfenweise Wasser hinzugegeben (~ 10 mL). Die Lösung wird von den entstandenen Aluminium-Salzen abdekantiert und die Salze werden mit Diethylether (3 x 10 mL) gewaschen. Die vereinten organischen Phasen werden über $MgSO_4$ getrocknet und am Rotationsverdampfer eingeengt. Das Produkt wird in Form einer farblosen Flüssigkeit erhalten (21.0 g, 88.6 mmol, 89 %), die nach längerem Stehen erstarrt.
Die analytischen Daten stimmen mit den in der Literatur berichteten überein.[74]

Benzyl-(2,2-diphenylpent-4-enyl)amin (26a)

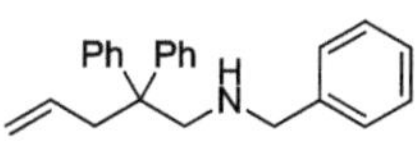

2,2-Diphenylpent-4-enylamin (**71**) (10.0 g, 42.2 mmol) und 4.6 mL Benzaldehyd (4.78 g, 45.0 mmol) werden in 150 mL Methanol gelöst und 4 h bei RT gerührt. Es wird auf 0 °C gekühlt und langsam 2.4 g $NaBH_4$ (63.2 mmol) hinzugegeben. Nach Rühren bei RT über Nacht werden alle flüchtigen Bestandteile unter Vakuum entfernt. Der Rückstand wird mit 100 mL 1 M NaOH und 50 mL

MTBE versetzt und die wässrige Phase mit MTBE (2×30 mL) extrahiert. Die vereinten organischen Phasen werden mit Wasser und ges. NaCl-Lösung (je 20 mL) gewaschen. Nach Trocknen über $MgSO_4$ und Entfernen des Lösemittels verbleibt das Rohprodukt, welches säulenchromatographisch (SiO_2, Hexan/EE 40:1) gereinigt wird. Das Produkt wird in Form eines farblosen Öls (14.0 g, 42.0 mmol, 99 %) erhalten. Durch Zugabe eines Impfkristalls erstarrt die Lösung nach wenigen Minuten.
Die analytischen Daten stimmen mit den in der Literatur berichteten überein.[74]

(2,2-Diphenylpent-4-enyl)thiophen-2-ylmethylamin (35a)

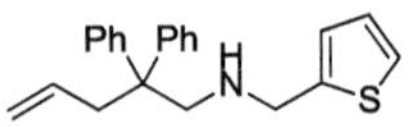

2,2-Diphenylpent-4-enylamin (**71**) (5.0 g, 21.0 mmol) und Thiophen-2-carbaldehyd (2.5 g, 22.0 mmol) werden in 150 mL Methanol gelöst und über Nacht bei RT gerührt. Es wird auf 0 °C gekühlt und portionsweise 1.2 g $NaBH_4$ (31.7 mmol) hinzugegeben. Die Lösung wird für weitere 24 h bei RT gerührt, dann werden alle flüchtigen Bestandteile unter Vakuum entfernt. Der Rückstand wird mit 50 mL ges. $NaHCO_3$-Lösung und 50 mL MTBE versetzt und die wässrige Phase mit MTBE (2 x 30 mL) extrahiert. Dann wird mit Wasser und ges. NaCl-Lösung (je 30 mL) gewaschen. Nach Trocknen über Na_2SO_4 und Entfernen des Lösemittels wird das Rohprodukt säulenchromatographisch (SiO_2, Hexan/MTBE 19:1) gereinigt. Das Produkt wird in Form eines farblosen Öls (6.49 g, 19.4 mmol, 92 %) erhalten, welches nach längerem Stehen erstarrt.
Die analytischen Daten stimmen mit den in der Literatur berichteten Daten überein.[56b, 75]

(2,2-Diphenylpent-4-enyl)-furan-2-ylmethylamin (33a)

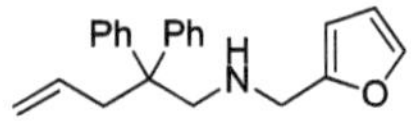

2-Diphenylpent-4-enylamin (**71**) (3.0 g, 12.7 mmol) und Furan-2-carbaldehyd (1.3 g, 13.8 mmol) werden in 50 mL Methanol gelöst und über Nacht bei RT gerührt. Dann wird die Lösung auf 0 °C gekühlt und portionsweise 0.7 g $NaBH_4$ (19.0 mmol) hinzugegeben. Nach 6 h Rühren bei RT werden alle flüchtigen Bestandteile unter Vakuum entfernt und der Rückstand in 25 mL ges. $NaHCO_3$-Lösung und 25 mL MTBE aufgenommen. Die wässrige Phase wird mit MTBE (2 x 25 mL) extrahiert. Dann wird mit Wasser und ges. NaCl-Lösung (je 5 mL) gewaschen und über $MgSO_4$ getrocknet. Nach Entfernen des Lösemittels im Vakuum wird das Rohprodukt säulenchromatographisch (SiO_2, Hexan/EE 19:1) gereinigt. Das Produkt wird in Form eines farblosen Öls (3.56 g, 11.2 mmol, 89 %) erhalten, welches nach längerem Stehen erstarrt.
Die analytischen Daten stimmen mit den in der Literatur berichteten überein.[56b]

2.2 Synthese und Charakterisierung von Aminoalkin-Substraten

(5-Chlorpent-1-yn-1-yl)benzol (72)

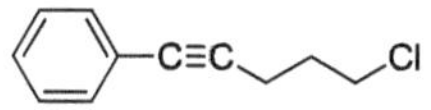

In einem 1 L-Schlenkkolben werden unter Stickstoffatmosphäre 41 mL Phenylacetylen (373 mmol) in 300 mL trockenem THF gelöst. Es wird auf -78 °C gekühlt. Dann werden vorsichtig 150 mL *n*-BuLi (373 mmol, 2.5 M in Hexan) zugetropft. Nach Erwärmen auf RT wird noch für weitere 2 Stunden gerührt. Es wird erneut auf -78 °C gekühlt und anschließend werden 40 mL 1-Brom-3-Chlorpropan (410 mmol) zugetropft. Es wird für weitere 24 Stunden bei RT gerührt, dann wird die Lösung für 3 Stunden zum Rückfluss erhitzt. Nach Abkühlen auf RT wird die Reaktionsmischung in 500 mL dest. Wasser gegeben. Die Phasen werden getrennt und die wässrige Phase wird mit Diethylether (3 x 300 mL) gewaschen. Die vereinten organischen Phasen werden mit ges. NaCl-Lösung gewaschen und über $MgSO_4$ getrocknet. Das Lösemittel wird am Rotationsverdampfer entfernt und das Rohprodukt anschließend über eine Hochvakuumdestillation gereinigt. Es verbleiben 30 g (167 mmol, 45 %) des Produktes als farbloses Öl.

Die analytischen Daten stimmen mit den in der Literatur berichteten überein.[76]

2-(5-Phenylpent-4-yn-1-yl)isoindolin-1,3-dion (73)

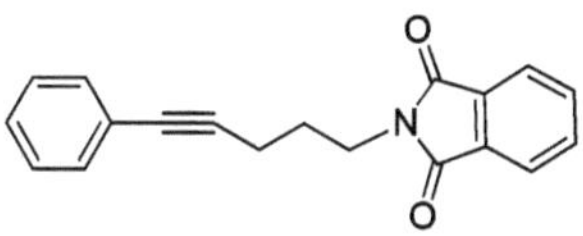

In einem 1 L-Einhalskolben werden 30 g (167 mmol) (5-Chlorpent-1-yn-1-yl)benzol (**72**) und 37.1 g (200 mmol) Kaliumphthalimid in 300 mL DMF suspendiert und für 24 Stunden zum Rückfluss erhitzt. Nach Abkühlung auf RT wird die Reaktionsmischung in ein Becherglas mit 600 mL dest. Wasser und 500 mL DCM geschüttet und kräftig gerührt. Die Phasen werden getrennt und die wässrige Phase wird mit DCM gewaschen (4 x 100 mL). Die gesammelten organischen Phasen werden daraufhin mit 0.2 M KOH (3 x 150 mL), NaCl-Lösung (2 x 200 mL), dest. Wasser (5 x 200 mL) und erneut mit NaCl-Lösung (2 x 200 mL) gewaschen und anschließend über $MgSO_4$ getrocknet. Das Lösemittel wird am Rotationsverdampfer entfernt und anschließend wird das Produkt für 24 Stunden am Hochvakuum getrocknet, es verbleibt als farbloser Feststoff (39.1 g, 135 mmol, 81 %).

Die analytischen Daten stimmen mit den in der Literatur berichteten überein.[77]

5-Phenylpent-4-yn-1-amin (60a)

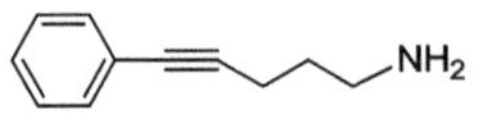

In einem 1 L-Kolben werden 13.8 mL (136 mmol) 2-(5-Phenylpent-4-yn-1-yl)isoindolin-1,3-dion (**73**) in 300 mL Methanol suspendiert. Dann wird Hydrazin-Monohydrat (14.3 g, 285 mmol) hinzugetropft und für eine Stunde zum Rückfluss erhitzt. Die Lösung wird vom Feststoff dekantiert und dieser mit Methanol (2 x 50 mL) gewaschen. Dann wird der erhaltene Feststoff in DCM (200 mL) suspendiert und mit 300 mL HCl (7 %ig) versetzt. Im Wasserstrahlpumpenvakuum wird der entstandene Feststoff über eine Nutsche von der Lösung getrennt und der Feststoff mit DCM (200 mL) gewaschen. Die Phasen werden getrennt und die organische Phase wird mit HCl (2 x 150 mL, 7 %ig) gewaschen. Die vereinten wässrigen Phasen werden mit DCM (3 x 200 mL) gewaschen. Im Eisbad wird die wässrige Lösung mit KOH basisch gestellt und das Rohprodukt ölt aus. Es wird mit *n*-Pentan (3 x 50 mL) extrahiert. Anschließend wird die *n*-Pentan-Lösung mit dest. Wasser (1 x 100 mL) gewaschen, über $MgSO_4$ getrocknet und das Lösemittel am Rotationsverdampfer entfernt. Das Rohprodukt wird über $LiAlH_4$ getrocknet und anschließend destilliert. Das Produkt verbleibt als farbloses Öl (38.6 g, 242 mmol, 85 %). Die analytischen Daten stimmen mit den in der Literatur berichteten überein.[78]

Hept-6-en-1-amin (36)

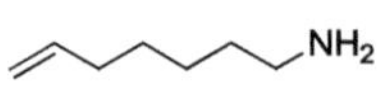

In einem 250 mL Schlenkkolben werden unter Stickstoffatmosphäre 2.8 g $LiAlH_4$ (73 mmol) in 100 mL trockenem Diethylether vorgelegt. Die Suspension wird im Eisbad auf 0 °C gekühlt. Anschließend werden im Stickstoffgegenstrom langsam 2.4 mL 6-Heptennitril (2 g, 18 mmol) hinzugetropft. Die Lösung wird bei RT über Nacht gerührt. Nach erneutem Kühlen auf 0 °C wird die Reaktion tropfenweise durch Zugabe von 4 mL dest. Wasser beendet. Dann werden 4 mL 15 %iger NaOH und anschließend erneut 4 mL dest. Wasser hinzugefügt und die Reaktionslösung auf Raumtemperatur erwärmt. Es wird über Celite filtriert und der Rückstand mit 50 mL Diethylether gewaschen. Das Lösemittel wird vorsichtig am Rotationsverdampfer entfernt. Dann wird das Rohprodukt über $LiAlH_4$ getrocknet und anschließend destilliert. Das Produkt verbleibt als farbloses Öl (1.9 g, 16.7 mmol, 91 %).

Die analytischen Daten stimmen mit den in der Literatur berichteten überein.[79]

2.3 Synthese und Charakterisierung von Aminotroponimin-Liganden

Folgende Aminotroponimin-Liganden wurden nach Literaturangaben hergestellt, die analytischen Daten stimmen mit den in der Literatur berichteten überein:

H[ATI(*i*Pr)$_2$] (**2a**)[27a]
H[ATI(Cy)$_2$] (**7a**)[56b]
H[I-ATI(*i*Pr)$_2$] (**18a**)[58]
H[PhN$_2$-ATI(*i*Pr)$_2$] (**19a**)[54]
H[PhS-ATI(*i*Pr)$_2$] (**21a**)[58]
H[PhS(O)-ATI(*i*Pr)$_2$] (**25a**)[58]

2.4 Synthese und Charakterisierung von Aminotroponimin-Zink-Komplexen

Folgende Aminotroponimin-Zink-Komplexe wurden nach Literaturangaben hergestellt, die analytischen Daten stimmen mit den in der Literatur berichteten überein, die $^{13}C\{^1H\}$-NMR-Daten für die Komplexe (**18b**), (**19b**) und (**25b**) sind angegeben:

[{ATI(*i*Pr)$_2$}ZnMe] (**2b**)[38a, 39]
[{ATI(Cy)$_2$}ZnMe] (**7b**)[56b]
[{Br-ATI(*i*Pr)$_2$}ZnMe] (**17b**)[58]
[{PhSe-ATI(*i*Pr)$_2$}ZnMe] (**22b**)[58]
[{PhTe-ATI(*i*Pr)$_2$}ZnMe] (**23b**)[58]

[{(4-Iod-7-isopropylimino-cyclohepta-1,3,5-trienyl)isopropylaminato}methylzink]
[{I-ATI(*i*Pr)$_2$}ZnMe] (18b)[58]

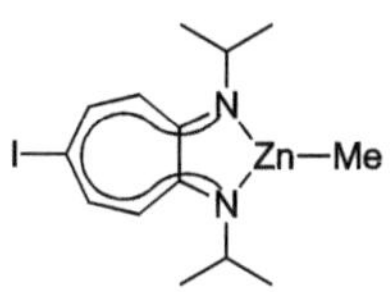

$^{13}C\{^1H\}$-NMR (C_6D_6, 100 MHz): δ (ppm) = -9.9; 24.0; 48.2; 111.3; 128.1; 142.5; 159.3.

[{(7-Isopropylimino-4-phenylazo-cyclohepta-1,3,5-trienyl)isopropylaminato}methyl-zink] [{PhN$_2$-ATI(*i*Pr)$_2$}ZnMe] (19b)[58]

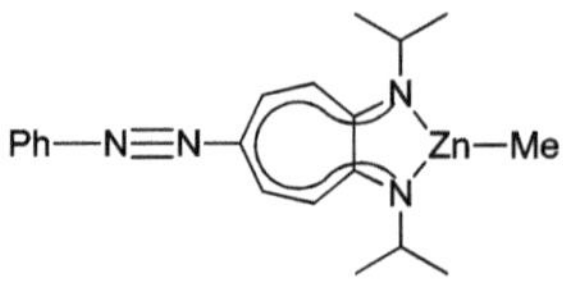

^{13}C{^{1}H}-NMR (C_6D_6, 100 MHz): δ (ppm) = -10.0; 23.9; 48.4; 109.9; 122.6; 129.1; 129.2; 131.0; 144.3; 153.6; 159.9.

[{(4-Benzolsulfinyl-7-isopropylimino-cyclohepta-1,3,5-trienyl)isopropylaminato}methyl-zink] [{PhS(O)-ATI(*i*Pr)$_2$}ZnMe] (25b)[58]

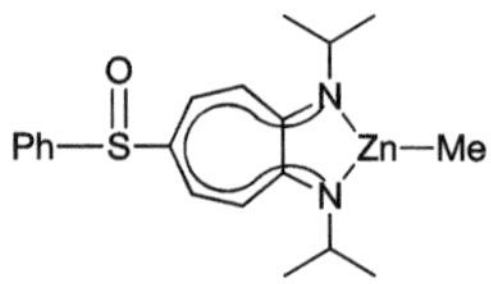

^{13}C{^{1}H}-NMR (C_6D_6, 100 MHz): δ (ppm) = -10.5; 23.9; 49.3; 108.4; 125.0; 127.3; 127.8; 190.0; 130.0; 160.2; 180.8.

[{(7-Isopropylimino-cyclohepta-1,3,5-trienyl)isopropylaminato}-4,4`-diphenyl-2,2`-bipyridylzink-tetrakis(pentafluorophenyl)borat] (39)

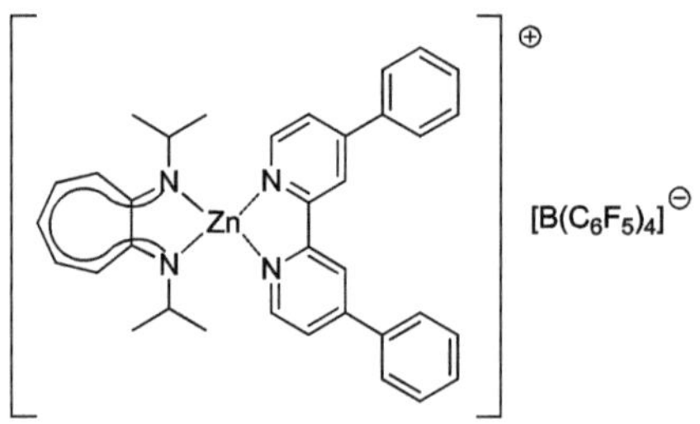

5 mg [{ATI(*i*Pr)$_2$}ZnMe] (**2b**) (17.6 µmol), 14 mg [PhNMe$_2$H][B(C_6F_5)$_4$] (17.6 µmol) und 6 mg 4,4`-Diphenyl-2,2`-bipyridin (17.6 µmol) werden unter Schutzgas-bedingungen in einen 50 mL Schlenk-Kolben abgewogen, mit 10 mL trockenem Toluol versetzt und die Reaktionslösung für einige Minuten bei RT gerührt. Die Lösung wird anschließend in ein ESI-Massenspektrometer eingeführt.

ESI-MS (Kation): m/z (%) = 575 $[M]^+$ (100).

ESI-MS (Anion): m/z (%) = 679 $[M]^-$ (100).

[{(7-Isopropylimino-cyclohepta-1,3,5-trienyl)isopropylaminato}-4,4`-diphenyl-2,2`-bipyridylzink-methyl-tris(pentafluorophenyl)borat] (41)

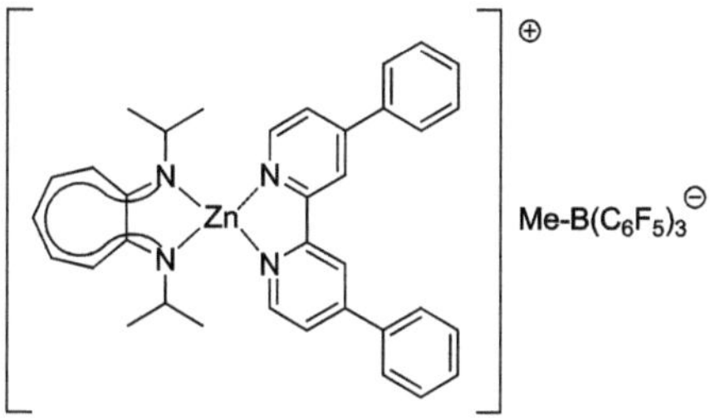

10 mg [{ATI(*i*Pr)$_2$}ZnMe] (**2b**) (35.2 µmol), 18 mg $B(C_6F_5)_3$ (35.2 µmol) und 11 mg 4,4`-Diphenyl-2,2`-bipyridin (35.2 µmol) werden unter Schutzgasbedingungen in einen 50 mL Schlenk-Kolben abgewogen. Es werden 5 mL trockenes Toluol hinzugefügt und die Reaktionslösung für einige Minuten bei RT gerührt. Die Lösung wird anschließend in ein ESI-Massenspektrometer eingeführt.

ESI-MS (Kation): m/z (%) = 575 $[M]^+$ (100)

ESI-MS (Anion): m/z (%) = 527 $[M]^-$ (100).

[{(7-Isopropylimino-cyclohepta-1,3,5-trienyl)isopropylaminato}-2,2`-bipyridylzink-methyl-tris(pentafluorophenyl)borat] (40)

5 mg [{ATI(*i*Pr)$_2$}ZnMe] (**2b**) (17.6 µmol), 9 mg $B(C_6F_5)_3$ (17.6 µmol) und 3 mg 2,2`-Bipyridin (17.6 µmol) werden unter Schutzgasbedingungen in einen 50 mL Schlenk-Kolben abgewogen. Anschließend werden 10 mL trockenes Toluol hinzugefügt und die Reaktionslösung für einige Minuten bei RT gerührt. Die Lösung wird anschließend in ein ESI-Massenspektrometer eingeführt.

ESI-MS (Kation): m/z (%) = 423 $[M]^+$ (100).

ESI-MS (Anion): m/z (%) = 527 $[M]^-$ (100).

[{(7-Isopropylimino-cyclohepta-1,3,5-trienyl)isopropylaminato}-penta(fluorophenyl)-zink] (42)

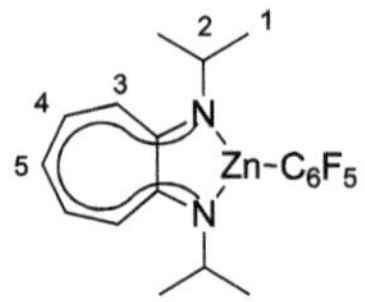

Verbindung **42** wurde über drei Syntheserouten hergestellt:

Syntheseroute A:

10 mg {ATI(*i*Pr)$_2$ZnMe} (**2b**) (35.2 µmol) und 18 mg B(C_6F_5)$_3$ (35.2 µmol) werden unter Schutzgasbedingungen in einen 50 mL Schlenk-Kolben abgewogen. Im Stickstoffgegenstrom werden 5 mL trockenes Toluol hinzugefügt und die Reaktionslösung über Nacht bei RT gerührt. Anschließend wird das Lösemittel am Hochvakuum entfernt.

EI-MS (70 eV): m/z (%) = 436 [{ATI(*i*Pr)$_2$}Zn-C_6F_5]$^+$ (28); 421 [M-Me]$^+$ (41); 355 (14); 281 (11); 277 (15); 236 (12); 226 (12); 221 (16); 206 (11); 205 (10); 204 (20); 189 (30); 187 [$C_{12}H_{15}N_2$]$^+$ (56); 173 (30); 168 [C_6F_5]$^+$ (100); 149 (40); 146 (18); 145 [$C_9H_9N_2$]$^+$ (56); 132 (18); 131 (35); 118 (59); 104 (94); 99 (90); 91 (83); 77 (85); 43 (80).

Syntheseroute B:

5 mg [{ATI(*i*Pr)$_2$}ZnMe] (**2b**) (17.6 µmol), 14 mg [PhNMe$_2$H][B(C_6F_5)$_4$] (17.6 µmol) werden unter Schutzgasbedingungen in einen 50 mL Schlenk-Kolben abgewogen. Im Stickstoffgegenstrom werden 5 mL trockenes Toluol hinzugefügt und die Reaktionslösung über Nacht bei RT gerührt. Anschließend wird die Lösung in ein ESI-Massenspektrometer eingeführt.

ESI-MS : m/z (%) = 735 (44); 603 [{ATI(*i*Pr)$_2$}Zn-(C_6F_5)$_2$]$^+$ (15); 501 (100); 436 [{ATI(*i*Pr)$_2$}Zn-C_6F_5]$^+$ (10).

Syntheseroute C:

200 mg {ATI(*i*Pr)$_2$H} (**2a**) (0.98 mmol) und 430 mg Zn(C_6F_5)$_2$ (1.08 mmol) werden unter Schutzgasbedingungen in einen 50 mL Schlenk-Kolben abgewogen. Im Stickstoffgegenstrom werden 20 mL trockenes Toluol hinzugefügt und die Reaktionslösung über Nacht bei RT gerührt. Anschließend wird das Lösemittel im Hochvakuum entfernt und das Produkt mit

trockenem *n*-Pentan (2 x 5 mL) gewaschen. Für die Röntgenstrukturanalyse geeignete Kristalle werden aus Toluol/*n*-Pentan (1:1) erhalten.

^{1}H-NMR (C_6D_6, 400 MHz): δ (ppm) = 1.07 (d, $^{3}J_{H\text{-}H}$ = 4.0 Hz, 12 H, H-1); 3.66 (sept., $^{3}J_{H\text{-}H}$ = 4.0 Hz, 2 H, H-2); 6.43 (t, $^{3}J_{H\text{-}H}$ = 8.0 Hz, 1 H, H-5); 6.63 (d, $^{3}J_{H\text{-}H}$ = 8.0 Hz, 2 H, H-3); 6.93 (dd, $^{3}J_{H\text{-}H}$ = 8.0 Hz, $^{3}J_{H\text{-}H}$ = 8.0 Hz, 2 H, H-4).

^{13}C{^{1}H}-NMR (C_6D_6, 100 MHz): δ (ppm) = 22.3; 23.1; 47.0; 47.2; 111.0; 111.8; 118,3; 126.6; 133.3; 133.5; 158.7; 158.9.

^{19}F-NMR (C_6D_6, 376 MHz): δ (ppm) = -160.4; -154.6; -116.5.

EI-MS (70 eV): m/z (%) = 436 $[M]^+$ (59); 421 $[M\text{-}Me]^+$ (82); 188 (12); 187 $[C_{12}H_{15}N_2]^+$ (86); 173 (41); 168 $[C_6HF_5]^+$ (90); 149 (10); 146 (14); 145 $[C_9H_9N_2]^+$ (73); 132 (12); 131 (28); 118 (13); 104 (10); 99 (40); 91 (20); 77 (14); 43 (12).

2.5 Versuchsvorschriften für die Hydroaminierungsreaktionen

Alle für die intermolekulare Hydroaminierung verwendeten Substrate wurden von *Sigma-Aldrich*, *AlfaAesar* oder *Acros* erworben. Sie wurden vor ihrer Verwendung über $LiAlH_4$ getrocknet und anschließend am Hochvakuum destilliert.

AAV 1 für die Zinkkatalysierte intramolekulare Hydroaminierung der Aminoalkene 26a, 33a, 35a:

In einer mit Argon gefüllten Glovebox wird das Substrat mit dem entsprechenden Zinkkatalysator (5 mg, 2.5 mol%) (Tabellen 3, 4, 5, 6, 7, 8, 15 und Tabelle 14, Einträge 1-3) und dem Cokatalysator $[PhNMe_2H][B(C_6F_5)_4]$ (2.5 mol%) in ein NMR-Rohr eingewogen. Nach Ausschleusen aus der Glovebox wird C_6D_6 (≈ 0.5 mL) in das NMR-Röhrchen einkondensiert, auf -196 °C gekühlt und am HV verschmolzen. Die Lösung wird auf RT gebracht, im NMR-Rohr durchmischt und das Röhrchen in einen auf 80 °C (40 °C) geheizten Trockenschrank gegeben. Zur Bestimmung des Umsatzes wird die Reaktionsmischung nach bestimmten Zeitintervallen ^{1}H-NMR-spektroskopisch untersucht. Der Umsatz wird durch das Verhältnis der Integration der Produkt- und Edukt-Signale bestimmt. Als interner Standard wird Ferrocen verwendet.

AAV 2 für die Zinkkatalysierte intramolekulare Hydroaminierung mit dem Aminoalkin (60a):

In einer mit Argon gefüllten Glovebox wird der entsprechende Zinkkatalysator (5 mg, 2.5 mol%) (Tabelle 14, Eintrag 14) mit dem Cokatalysator $[PhNMe_2H][B(C_6F_5)_4]$ (2.5 mol%) in ein NMR-Rohr eingewogen. Nach Ausschleusen aus der Glovebox wird das Substrat unter Stickstoffgegenstrom hinzugefügt. Anschließend wird C_6D_6 (≈ 0.5 mL) in das NMR-Röhrchen einkondensiert, auf -196 °C gekühlt und am HV verschmolzen. Die Lösung wird auf RT gebracht, im NMR-Rohr durchmischt und das Röhrchen in einen auf 80 °C geheizten Trockenschrank gegeben. Zur Bestimmung des Umsatzes wird die Reaktionsmischung nach bestimmten Zeitintervallen ^{1}H-NMR-spektroskopisch untersucht. Der Umsatz wird durch das Verhältnis der Integration der Produkt- und Edukt-Signale bestimmt. Als interner Standard wird Ferrocen verwendet.

AAV 3 für die intermolekulare Hydroaminierung mit ZnCp_2^* (4), ZnCp* (3) und $ZnEt_2$ (61):

In einer mit Argon gefüllten Glovebox wird der entsprechende Zinkkatalysator (5 mg, 2.5 mol%) (Tabellen 11, 17, 19) mit dem Cokatalysator $[PhNMe_2H][B(C_6F_5)_4]$ (2.5 mol%) und den festen Substraten in ein NMR-Rohr eingewogen. Nach Ausschleusen aus der Glovebox werden die flüssigen Substrate unter Stickstoffgegenstrom hinzugefügt. Anschließend wird C_6D_6 (≈ 0.5 mL) in das NMR-Röhrchen einkondensiert, auf -196 °C gekühlt und am HV verschmolzen. Die Lösung wird auf RT gebracht, im NMR-Rohr durchmischt und das Röhrchen in einen auf 80 °C geheizten Trockenschrank gegeben. Zur Bestimmung des Umsatzes wird die Reaktionsmischung nach bestimmten Zeitintervallen ^{1}H-NMR-spektroskopisch untersucht. Der Umsatz wird durch das Verhältnis der Integration der Produkt- und Edukt-Signale bestimmt. Als interner Standard wird Ferrocen verwendet.

AAV 4 für die intra- und intermolekulare Hydroaminierung mit {(*S*)-(+)-4,12-Bis(diphenyl)-phosphino-[2.2]-paracyclophan}bis[chlorogold(I)] (67b) und {(*S*)-(+)-4,13-Bis(diphenyl)-phosphino-[2.2]-paracyclophan}bis[chlorogold(I)] (68b):

In einer mit Argon gefüllten Glovebox wird der entsprechende Goldkatalysator (25 mg, 5 mol%) (Tabelle 20, Einträge 1-8) mit $AgBF_4$ (10 mol%) in ein NMR-Rohr eingewogen. Nach Ausschleusen aus der Glovebox wird das/die Substrat/Substrate unter Stickstoffgegenstrom hinzugefügt. Anschließend wird d_8-THF (≈ 0.5 mL) in das NMR-Röhrchen einkondensiert, auf -196 °C gekühlt und am HV verschmolzen. Die Lösung wird auf RT gebracht, im NMR-Rohr durchmischt und das Röhrchen in einen auf 60 °C geheizten Trockenschrank gegeben. Zur Bestimmung des Umsatzes wird die Reaktionsmischung nach bestimmten Zeitintervallen ^{1}H-NMR-spektroskopisch untersucht. Der Umsatz wird durch das Verhältnis der Integration der Produkt- und Edukt-Signale bestimmt. Als interner Standard wird Ferrocen oder Hexamethylbenzol verwendet.

2.6 Charakterisierung der Hydroaminierungsprodukte

Intramolekulare Hydroaminierung

Die ^{1}H-NMR-Spektren von 1-Furan-2-ylmethyl-2-methyl-4,4-diphenyl-pyrrolidin,[80] 2-Methyl-4,4-diphenyl-1-thiophen-2-ylmethylpyrrolidin,[81] 1-Benzyl-2-methyl-4,4-diphenyl-pyrrolidin,[74] und 2-Benzyl-1-pyrrolin[82] stimmen mit den in der Literatur berichteten Daten überein.

Intermolekulare Hydroaminierung

Die ^{1}H-NMR-Spektren von *N*-(Methylbenzyliden)anilin,[83] Methylphenyl(1-phenylvinyl)-amin,[84] *N*-(1-Phenylethyliden)-4-chloranilin,[85] 3-Methoxy-*N*-(1-phenylethyliden)-anilin,[86] *N*-(1-Phenylethyliden)-2,4,6-trimethylanilin,[87] *N*-[1-(4-Bromphenyl)-ethyliden)]benz-amin,[88] *N*,*N*-Dimethyl-4-[1-(phenylimino)]ethylanilin,[89] *N*-[1-(4-Methoxyphenyl)-ethyliden]aniline,[85] *N*-[1-(1-Cyclohexen-1-yl)ethyliden]benzamin,[90] *N*-(1-Methyl-heptyliden)-benzamin,[91] 4-Chlor-*N*-(1-methylheptyliden)-benzamin,[92] und *N*-(1-Phenyl-ethyliden)-benzmethanamin[93] stimmen mit den in der Literatur berichteten Daten überein.

_N_-[1-(4-Bromphenyl)vinyl]-_N_-methylanilin (74)

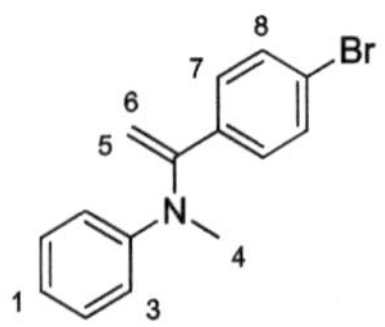

^{1}H-NMR (C_6D_6, 300 MHz): δ (ppm) = 2.86 (s, 3 H, H-4); 4.60 (s, 1 H, H-5); 4.75 (s, 1 H, H-6); 6.69 (t, $^3J_{H-H}$ = 6.0 Hz, 1 H, H-1); 6.75 (d, $^3J_{H-H}$ = 9.0 Hz, 2 H, H-3); 6.95 (m, 2 H, H_{ar}); 7.05-7.15 (m, 4 H, H_{ar}).

N-[1-(4-Bromphenyl)ethyliden]-4-chloranilin (58)

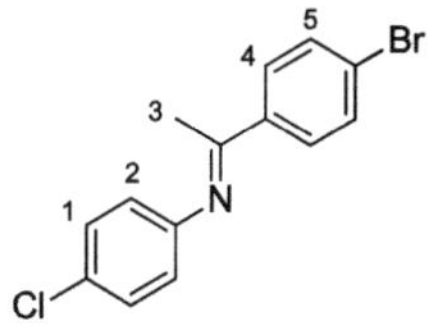

^{1}H-NMR (C_6D_6, 300 MHz): δ (ppm) = 1.61 (s, 3 H, H-3); 6.39 (d, $^3J_{H-H}$ = 9.0 Hz, 2 H, H-2); 7.09 (d, $^3J_{H-H}$ = 9.0 Hz, 2 H, H-1); 7.28 (d, $^3J_{H-H}$ = 9.0 Hz, 2 H, H-5); 7.52 (d, $^3J_{H-H}$ = 9.0 Hz, 2 H, H-4).

N-[1-(4-Bromphenyl)ethyliden]-3-methoxyanilin (75)

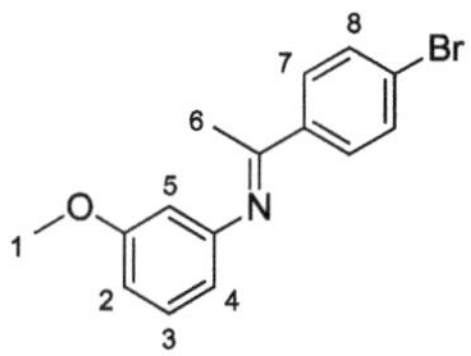

^{1}H-NMR (C_6D_6, 300 MHz): δ (ppm) = 1.76 (s, 3 H, H-6); 3.35 (s, 3 H, H-1); 6.34 (d, $^3J_{H-H}$ = 9.0 Hz, 1 H, H-4); 6.43 (s, 1H, H-5); 6.56 (d, $^3J_{H-H}$ = 9.0 Hz, 1 H, H-2); 7.21 (m, 1 H, H-3); 7.28 (d, $^3J_{H-H}$ = 9.0 Hz, 2 H, H-8); 7.58 (d, $^3J_{H-H}$ = 9.0 Hz, 2 H, H-7).

N-[1-(4-Bromphenyl)ethyliden]-2,4,6-trimethylanilin (66)

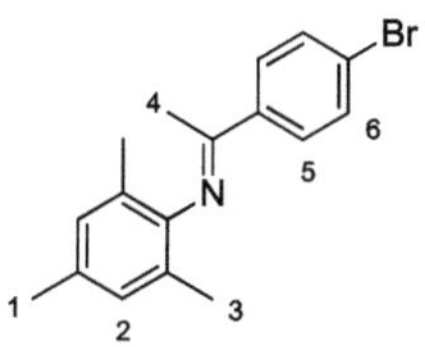

^{1}H-NMR (C_6D_6, 300 MHz): δ (ppm) = 1.63 (s, 3 H, H-4); 1.94 (s, 6 H, H-3); 2.22 (s, 3 H, H-1); 6.83 (s, 2 H, H-2); 7.29 (d, $^3J_{H-H}$ = 9.0 Hz, 2 H, H-6); 7.62 (d, $^3J_{H-H}$ = 9.0 Hz, 2 H, H-5).

4-[1-((4-Chlorphenyl)imino)ethyl]-*N*,*N*-dimethylanilin (76)

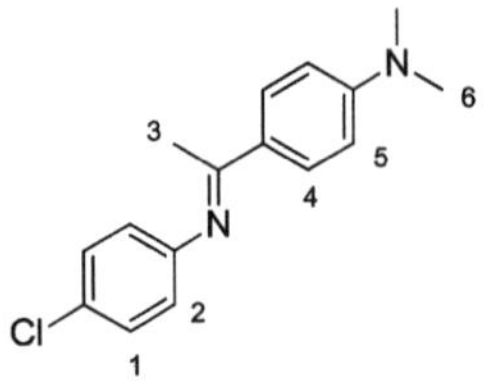

^{1}H-NMR (C_6D_6, 300 MHz): δ (ppm) = 1.89 (s, 3 H, H-3); 2.48 (s, 6 H, H-6); 6.50 (m, 4 H, H-5, H-2); 7.09 (d, $^3J_{H\text{-}H}$ = 9.0 Hz, 2 H, H-1); 7.99 (d, $^3J_{H\text{-}H}$ = 9.0 Hz, 2 H, H-4).

4-[1-((3-Methoxyphenyl)imino)ethyl]-*N*,*N*-dimethylanilin (59)

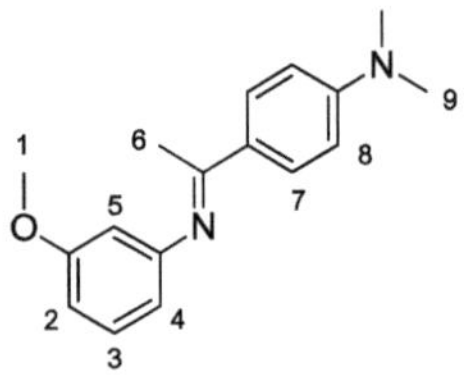

^{1}H-NMR (C_6D_6, 300 MHz): δ (ppm) = 2.03 (s, 3 H, H-6); 2.48 (s, 6 H, H-9); 3.35 (s, 3 H, H-1); 6.43-6.56 (m, 4 H, H-4, H-5, H-8); 6.59 (d, $^3J_{H\text{-}H}$ = 9.0 Hz, 1 H, H-2); 7.11 (t, $^3J_{H\text{-}H}$ = 9.0 Hz, 1 H, H-3); 8.06 (d, $^3J_{H\text{-}H}$ = 9.0 Hz, 2 H, H-7).

***N*-[1-(4-(Dimethylamino)phenyl)ethyliden]-2,4,6-trimethylanilin (77)**

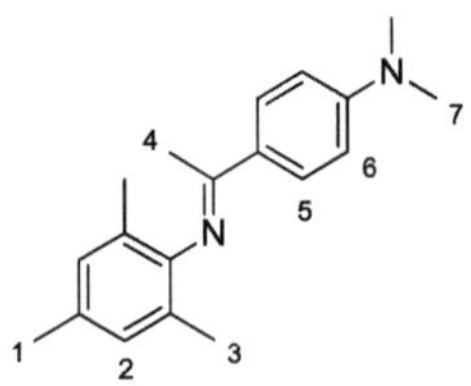

^{1}H-NMR (C_6D_6, 300 MHz): δ (ppm) = 1.87 (s, 3 H, H-4); 2.07 (s, 6 H, H-3); 2.24 (s, 3 H, H-1); 2.51 (s, 6 H, H-7); 6.54 (d, $^3J_{H\text{-}H}$ = 9.0 Hz, 2 H, H-6); 6.87 (s, 2 H, H-2); 8.08 (d, $^3J_{H\text{-}H}$ = 9.0 Hz, 2 H, H-5).

3-[1-(Phenylimino)ethyl]phenol (78)

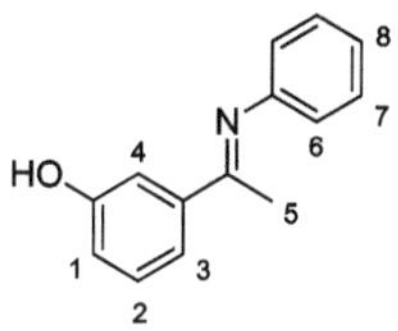

^{1}H-NMR (C_6D_6, 300 MHz): δ (ppm) = 1.82 (s, 3 H, H-5); 6.45 (d, $^3J_{H-H}$ = 6.0 Hz, 2 H, H-6); 6.77 (d, $^3J_{H-H}$ = 6.0 Hz, 1 H, H-1); 7.07 (t, $^3J_{H-H}$ = 6.0 Hz, 2 H, H-2, H-8,); 7.15-7.25 (m, 2 H, H-7); 7.32 (d, $^3J_{H-H}$ = 6.0 Hz, 1 H, H-3,); 7.01 (s br, 1 H, OH); 7.56 (s, 1 H, H-4).

3-[1-((4-Chlorphenyl)imino)ethyl]phenol (79)

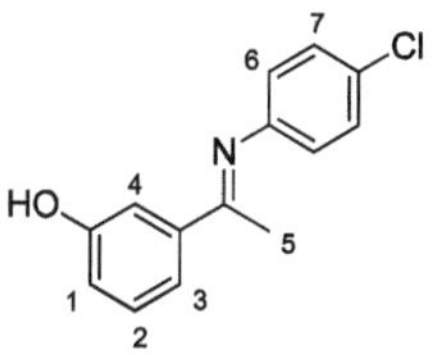

^{1}H-NMR (C_6D_6, 300 MHz): δ (ppm) = 1.69 (s, 3 H, H-5); 6.07 (d, $^3J_{H-H}$ = 9.0 Hz, 1 H, H-1); 6.46 (d, $^3J_{H-H}$ = 9.0 Hz, 2 H, H-6); 6.93 (d, $^3J_{H-H}$ = 9.0 Hz, 1 H, H-3); 7.01 (t, $^3J_{H-H}$ = 9.0 Hz, 1 H, H-2); 7.02 (s br, 1 H, OH); 7.07 (d, $^3J_{H-H}$ = 9.0 Hz, 1 H, H-7); 7.45 (s, 1 H, H-4).

4-Chlor-*N*-[1-(4-methoxyphenyl)ethyliden]anilin (80)

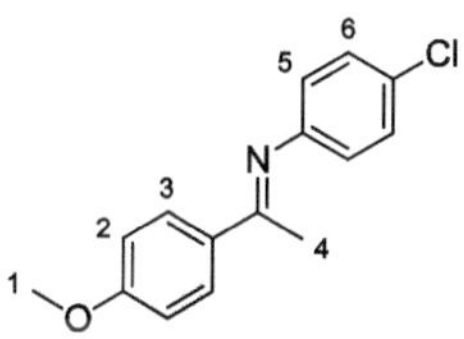

^{1}H-NMR (C_6D_6, 300 MHz): δ (ppm) = 1.79 (s, 3 H, H-4); 3.33 (s, 3 H, H-1); 6.49 (d, $^3J_{H-H}$ = 9.0 Hz, 2 H, H-5); 6.77 (d, $^3J_{H-H}$ = 9.0 Hz, 2 H, H-2); 7.10 (d, $^3J_{H-H}$ = 9.0 Hz, 2 H, H-6); 7.91 (d, $^3J_{H-H}$ = 9.0 Hz, 2 H, H-3).

3-Methoxy-*N*-[1-(4-methoxyphenyl)ethyliden]aniline (81)

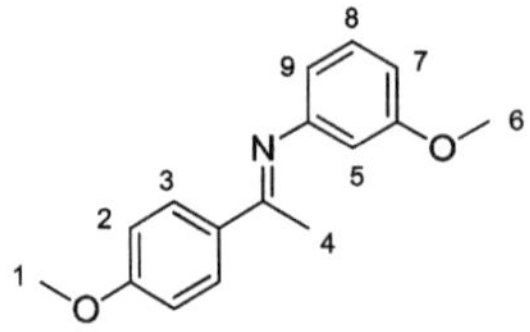

^{1}H-NMR (C_6D_6, 300 MHz): δ (ppm) = 1.93 (s, 3 H, H-4); 3.32 (s, 3 H, H-1); 3.36 (s, 3 H, H-6); 6.42 (d, $^3J_{H\text{-}H}$ = 9.0 Hz, 1 H, H-9); 6.49 (s, 1 H, H-5); 6.60 (d, $^3J_{H\text{-}H}$ = 9.0 H, 1 H, H-7); 6.79 (d, $^3J_{H\text{-}H}$ = 9.0 Hz, 2 H, H-2); 7.13 (t, $^3J_{H\text{-}H}$ = 9.0 Hz, 1 H, H-8); 7.96 (d, $^3J_{H\text{-}H}$ = 9.0 Hz, 2 H, H-3).

***N*-(1-(4-Methoxyphenyl)vinyl)-*N*-methylanilin (82)**

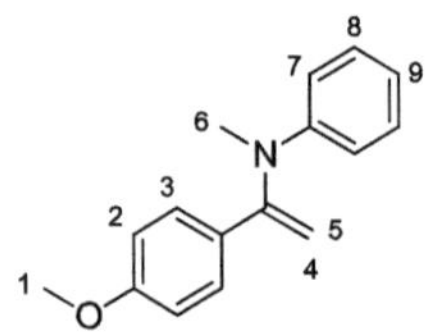

^{1}H-NMR (C_6D_6, 300 MHz): δ (ppm) = 2.98 (s, 3 H, H-6); 3.20 (s, 3 H, H-1); 4.68 (s, 1 H, H-5); 4.92 (s, 1 H, H-4); 6.60 (d, $^3J_{H\text{-}H}$ = 9.0 Hz, 2 H, H-7); 6.64-6.76 (m, 1 H, H-9); 6.90 (d, $^3J_{H\text{-}H}$ = 9.0 Hz, 2 H, H-2); 7.02 (t, $^3J_{H\text{-}H}$ = 9.0 Hz, 2 H, H-8); 7.36 (d, $^3J_{H\text{-}H}$ = 9.0 Hz, 2 H, H-3).

3-(1-(Mesitylimino)ethyl)phenol (83)

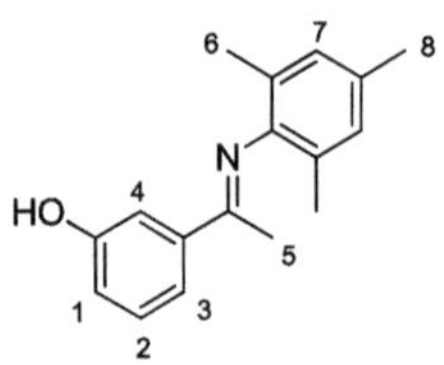

^{1}H-NMR (C_6D_6, 300 MHz): δ (ppm) = 1.65 (s, 3 H, H-5); 1.95 (s, 6 H, H-6); 2.16 (s, 3 H, H-8); 6.78 (s, 2 H, H-7); 6.20-6.90 (m, 2 H, H-1, OH); 7.00 (t, $^3J_{H\text{-}H}$ = 9.0 Hz, 1 H, H-2); 7.33 (d, $^3J_{H\text{-}H}$ = 6.0 Hz, 1 H, H-3); 7.44 (s, 1 H, H-4).

4-Chlor-*N*-[1-(cyclohex-1-en-1-yl)ethyliden]anilin (84)

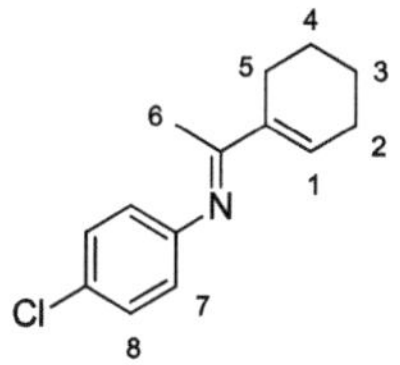

^{1}H-NMR (C_6D_6, 300 MHz): δ (ppm) = 1.40-1.61 (m, 4 H, H-3, H-4); 1.61 (s, 3 H, H-6); 1.92-2.09 (m, 2 H, H-5); 2.42-2.55 (m, 2 H, H-2); 6.14-6.23 (m, 1 H, H-1); 6.43 (d, $^3J_{H\text{-}H}$ = 9.0 Hz, 2 H, H-7); 7.10 (d, $^3J_{H\text{-}H}$ = 9.0 Hz, 2 H, H-8).

***N*-(1-(Cyclohex-1-en-1-yl)ethyliden)-2,4,6-trimethylanilin (70)**

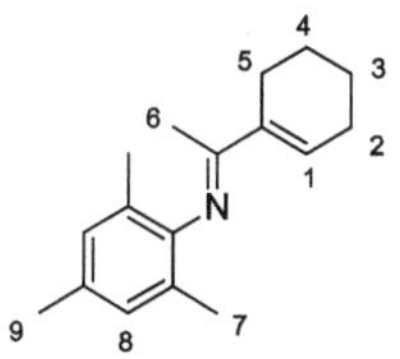

^{1}H-NMR (C_6D_6, 300 MHz): δ (ppm) = 1.32-1.53 (m, 4 H, H-3, H-4); 1.57 (s, 3 H, H-6); 1.94 (s, 6 H, H-7); 1.97-2.13 (m, 2 H, H-5); 2.20 (s, 3 H, H-9); 2.61-2.70 (m, 2 H, H-2); 6.12-6.26 (m, 1 H, H-1); 6.80 (s, 2 H, H-8).

2.7 Kristallographische Daten

2.7.1 Datensammlung und Verfeinerung

Die Bestimmung der Reflexlagen und –intensitäten erfolgte in der vorliegenden Arbeit mit Hilfe eines *STOE IPDS 2*. Es arbeitet mit einer Mo-Anode (Mo-K_α-Strahlung; $\lambda = 0.71013$ Å) und nachgeschaltetem Graphitmonochromator. Die zu messenden Kristalle wurden mit Hilfe eines Polarisationsmikroskops unter Mineralöl ausgesucht und mit etwas Öl in einem kalten Stickstoffstrom an einem Glasfaden auf dem Goniometerkopf befestigt.

Die Strukturanalysen gliedern sich in folgende Schritte:

1. Bestimmung der Orientierungsmatrix und der Gitterkonstanten anhand der Orientierungsparameter.
   a. von 500 – 1000 Reflexen im gesamten Messbereich aus mehreren Aufnahmen.

2. Bestimmung der Reflexintensitäten.
   a. durch Anpassen der Integrationsbedingungen an das gemittelte Reflexprofil und anschließendes Auslesen aller Aufnahmen.

3. Datenreduktion und Korrekturen.
   a. Lorentz- und Polarisationsfaktorkorrektur.

4. Die Strukturbestimmung wurde mit den Programmen *SHELXS*,[94] *SHELXL*,[95] *WinGX*[96] und *X-Step32*[97] auf einem *Intel Centrino Duo* PC durchgeführt. Die Lösung der Kristallstrukturen erfolgte mittels direkter oder Patterson Methoden und anschließenden Differenzfouriersynthesen; Optimierung der Atomparameter durch Verfeinerung nach der Methode der kleinsten Fehlerquadrate gegen F_0^2 für die gesamte Matrix.

5. Zur Erstellung von Molekülbildern wurde das Programm *Diamond* 3.2c[98] verwendet.

2.7.2 Daten zur Kristallstrukturanalyse von [{ATI(*i*Pr)$_2$Zn-C_6F_5] (42)

Summenformel (Einheit)	$C_{19}H_{19}F_5N_2Zn$
Molare Masse [g/mol]	435.75
Kristallsystem	tetragonal
Raumgruppe	$I4_1/a$
Gitterkonstanten *a*, *c* [Å]	10.051(4), 37.661(7)
Zellvolumen [Å^3]	3805(2)
Z	8
Röntgenographische Dichte [g/cm^3]	1.521
Messtemperatur [K]	203
Absorptionskorrektur	Integration
Absorptionskoeffizient [mm^{-1}]	1.34
Gemessene Reflexe	8881
Unabhängige Reflexe	2020
Daten/Parameter	127
GooF	1.035
*R*1; *wR*2	0.0395; 0.1036

III. ZUSAMMENFASSUNG

1 Zusammenfassung

Die metallkatalysierte Hydroaminierung von Olefinen und Alkinen zur ökonomischen Darstellung von Stickstoffverbindungen hat in den letzten Jahren an großer Bedeutung gewonnen. Amine und deren Derivate finden z B. als Grundchemikalien, Feinchemikalien, medizinischen Wirkstoffen oder chiralen Zwischenstufen in der Industrie ihre Anwendung und stellen somit eine wichtige Verbindungsklasse dar. Die in der Arbeitsgruppe von *Prof. Roesky* und *Prof. Blechert* synthetisierten {ATI(RR`)}-Zn-Komplexe konnten in der intramolekularen Hydroaminierung sekundärer Aminoalkene mit ihrer hohen Aktivität und ihrer Toleranz gegenüber polaren funktionelle Gruppen überzeugen. Ein weiterer Vorteil der {ATI(RR`)}-Zn-Komplexe ist ihre vergleichsweise hohe Stabilität gegenüber Luft und Feuchtigkeit, was ihre Handhabbarkeit zusätzlich vereinfacht. Das {ATI(RR`)}-Zn-System verfügt über drei Modifikationsmöglichkeiten, an denen der Katalysator aktivitätserhöhend variiert werden kann. Untersuchungen mit den verschieden substituierten Komplexen zeigen für die Katalysatoren [{ATI(*i*Pr)$_2$}ZnMe] (**2b**), [{ATI(Cy)$_2$}ZnMe] (**7b**) und [{PhS-ATI(*i*Pr)$_2$}ZnMe] (**21b**) die höchsten Aktivitäten in der intramolekularen Hydroaminierung.

In dieser Doktorarbeit wurde der Komplex [{PhS-ATI(Cy)$_2$}ZnMe] (**34b**), der aus einer Kombination aller bis *dato* erhaltenen positiven Aspekte der {ATI(RR`)}-Zn-Systeme aufgebaut ist, im Hinblick auf mögliche additive Effekte als Katalysator in drei verschiedenen intramolekularen Hydroaminierungsreaktionen eingesetzt. Die erhaltenen Ergebnisse weisen eine enorme Aktivitätsminderung auf. Es wird vermutet, dass sich die jeweiligen positiven Aspekte, wie sterisch anspruchsvolle Reste an den Stickstoffatomen und elektronenschiebende Substituenten am Ring, gegenseitig negativ beeinflussen.

Um detailliertere Einblicke über das Zusammenwirken von Katalysator und Cokatalysator zu erhalten, sollte die katalytisch aktive Spezies isoliert werden. Der Nachweis von Methan in ^{1}H-NMR-spektroskopischen Messungen während der Katalyse unterstützt die Vermutung, dass der Cokatalysator [PhNMe$_2$H][B(C$_6$F$_5$)$_4$] als Protonenquelle dient, wobei eine kationische Zink-Spezies (**38**) gebildet wird (Schema I).

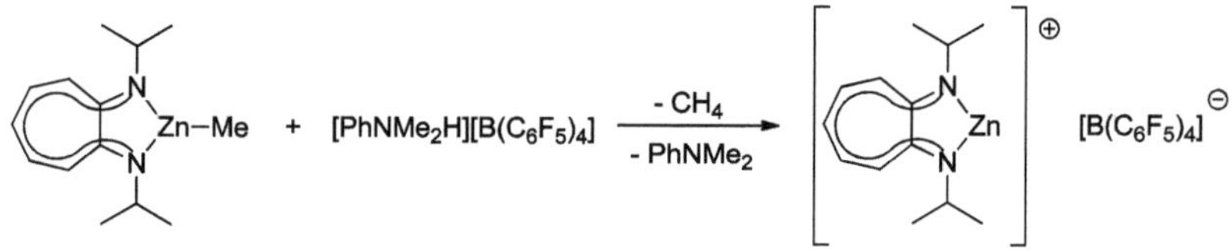

2b 38

Schema I: Mögliche Bildung der aktiven Spezies.

Die Reaktion von **2b** mit 4,4`-Diphenyl-2,2`-bipyridin und $[PhNMe_2H][B(C_6F_5)_4]$ in Toluol zeigt in ESI-MS-Messungen das durch 4,4`-Diphenyl-2,2`-bipyridin stabilisierte Zink-Kation **39**, wobei $[B(C_6F_5)_4]^-$ als schwach koordinierendes Anion ebenfalls nachgewiesen werden kann (Schema II).

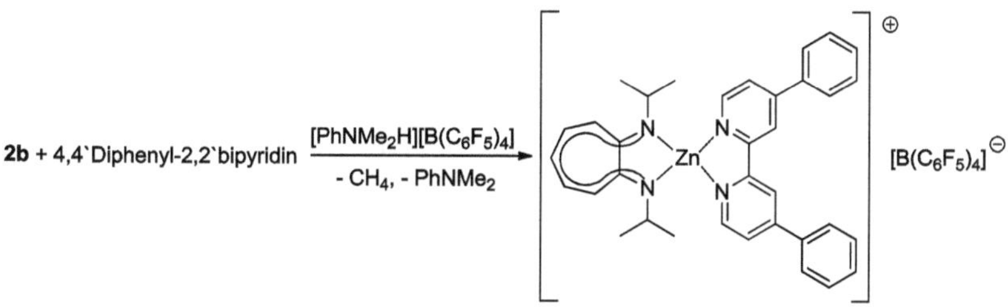

39

Schema II: Umsetzung von **2b** mit 4,4`-Diphenyl-2,2`-bipyridin und $[PhNMe_2H][B(C_6F_5)_4]$.

Der von *Vigalok et al.* bei Calixaren-Zink-Komplexen beobachtete Transfer einer C_6F_5-Einheit vom Bor- auf das Zinkatom kann bei der Umsetzung von **2b** mit $[PhNMe_2H][B(C_6F_5)_4]$ in Toluol bei Raumtemperatur in ESI-MS-Messungen ebenfalls nachgewiesen werden. Nach einer gewissen Reaktionszeit kommt es daher zu einer Deaktivierung der *in situ* gebildeten aktiven Zinkspezies **38**, wobei **42** gebildet wird (Schema III). Verbindung **42** konnte aus der Umsetzung des Neutralliganden H{ATI(*i*Pr)$_2$} (**2a**) mit Bis(pentafluorophenyl)zink in Toluol synthetisiert und charakterisiert werden.

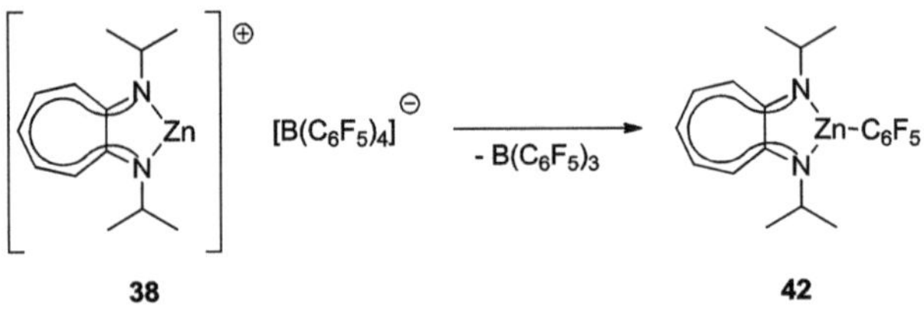

Schema III: Darstellung der möglichen Deaktivierung der aktiven Spezies.

Mit der Verwendung des Decamethyldizinkocens (**4**) als Katalysator für die intra- und intermolekulare Hydroaminierung von Alkinen wurde erstmals eine Verbindung mit einer Zink-Zink-Einfachbindung auf seine katalytische Aktivität untersucht. Der Komplex konnte in einem breiten Substratspektrum effektiv als Katalysator angewendet werden, wobei er eine hohe Toleranz gegenüber funktionellen Gruppen, wie Halogeniden, Methoxy- und Hydroxyfunktionen, aufweist. In der Standardreaktion von Phenylacetylen (**43**) mit Mesidin (**44**) (Schema IV) verfügt **4** gegenüber den in der Literatur berichteten Katalysatorsystemen über eine erhöhte Aktivität. Das Additionsprodukt **45** kann in der durch **4** bei Raumtemperatur katalysierten Reaktion nach 11.25 Stunden zu 99 % isoliert werden.

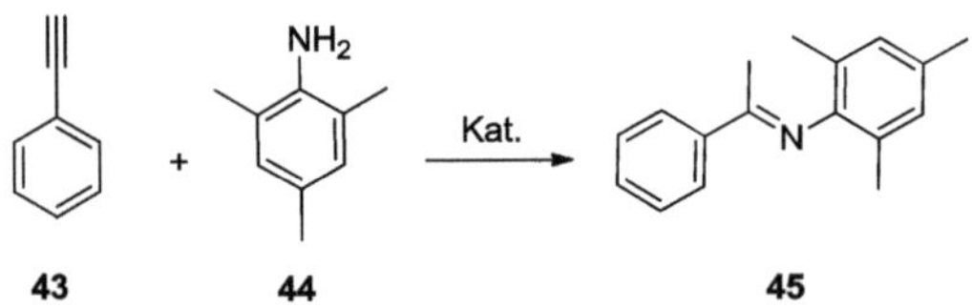

Schema IV: Katalysierte Hydroaminierung von Phenylacetylen (**43**) mit Mesidin (**44**).

Ein Vergleich von **4** mit Decamethylzinkocen (**3**) und Diethylzink (**61**) als Katalysatoren für die intermolekulare Hydroaminierung zeigt in allen Reaktionen mit Ausnahme der Standardreaktion für die Komplexe **3** und **61** eine erhöhte Aktivität. Beide Systeme sind in der Lage, die mit Decamethyldizinkocen (**4**) katalysierten Hydroaminierungsreaktionen in kürzeren Reaktionszeiten oder bei geringeren Reaktionstemperaturen zu katalysieren, wobei in allen Reaktionen die höchste Aktivität bei Verwendung von Decamethylzinkocen (**3**) erhalten wird. Allerdings wird im Gegensatz zum Decamethyldizinkocen (**4**) bei Verwendung von Decamethylzinkocen (**3**) und Diethylzink (**61**) als Katalysatoren häufiger die Bildung des korrespondierenden Enamins als Nebenprodukt beobachtet.

Der erfolgreiche Einsatz der Gold-Komplexe {(*S*)-(+)-4,12-Bis(diphenyl)-phosphino-[2.2]-paracyclophan}bis[chlorogold(I)] (**67b**) und {(*S*)-(+)-4,13-Bis(diphenyl)-phosphino-[2.2]-paracyclophan}bis[chlorogold(I)] (**68b**) (Abbildung I) als Katalysatoren für die intra- und intermolekulare Hydroaminierung von Alkinen lässt mit den bisher erzielten Ergebnissen keine aussagekräftigen Erkenntnisse über die Auswirkung von Gold-Gold-Wechselwirkungen auf die katalytische Aktivität der Komplexe zu. Die Untersuchungen weisen, bei Verwendung von **67b** und **68b** als Katalysatoren, unterschiedliche Reaktionszeiten in den jeweiligen Reaktionen auf. Eine Tendenz ist mit den bisher erhaltenen Ergebnissen allerdings noch nicht zu beobachten.

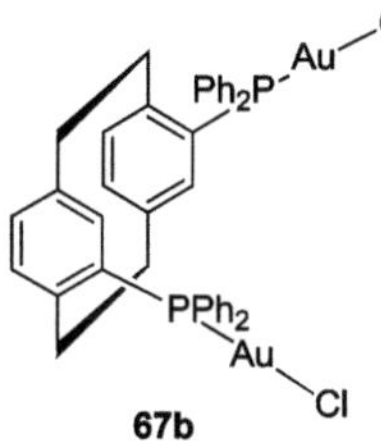

67b

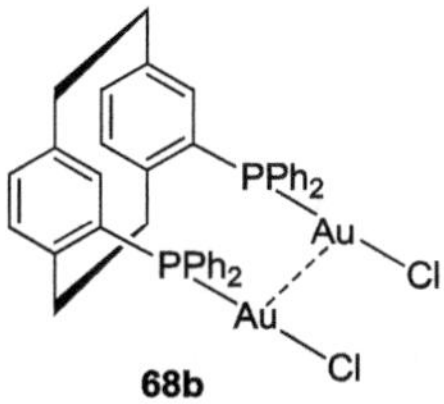

68b

Abbildung I : {(*S*)-(+)-4,12-Bis(diphenyl)-phosphino-[2.2]-paracyclophan}bis[chlorogold(I)] (**67b**) und {(*S*)-(+)-4,13-Bis(diphenyl)-phosphino-[2.2]-paracyclophan}bis[chlorogold(I)] (**68b**).

2 Summary

The metal-catalysed hydroamination reactions of olefins and alkynes for economic preparation of nitrogen-containing molecules have attracted great interest in recent years. Amines and their derivatives represent a significant class of chemicals and can be useful chiral intermediates, basic chemicals, fine chemicals and pharmaceuticals in the industries.
{ATI(RR`)}-Zn-complexes synthesized in the research group of *Prof. Roesky* and *Prof. Blechert* are excellent catalysts for the intramolecular hydroamination of secondary aminoalkenes with high activity and tolerance to polar functional groups. Another advantage of the {ATI(RR`)}-Zn-complexes is their relatively high stability against air and moisture, which also simplifies their handling. There are three possible modifications at the {ATI(RR`)}-Zn-system to increase the catalyst activity. Investigations of various substituted complexes, [{ATI(*i*Pr)$_2$}ZnMe] (**2b**), [{ATI(Cy)$_2$}ZnMe] (**7b**) and [{PhS-ATI(*i*Pr)$_2$}ZnMe] (**21b**) have shown the highest activity for the intramolecular hydroamination reaction.
In this thesis, the complex [{PhS-ATI(Cy)$_2$}ZnMe] (**34b**), a combination of all positive aspects of the {ATI(RR')}-Zn-systems, is used with a view of possible additive effects as a catalyst in three different intramolecular hydroamination reactions. The observed reaction times for the hydroamination are much longer than expected. The results show a tremendous decrease in catalytic activity. Unfortunately, the positive aspects, such as sterically demanding substituents at the nitrogen atoms and electron-donating substituents on the ring, do not lead to better catalysts.
To obtain more detailed insights about the interaction between catalyst and co-catalyst, the catalytically active species should be isolated. The detection of methane in ^{1}H-NMR spectroscopic measurements during catalysis supports the hypothesis, that the co-catalyst [PhNMe$_2$H][B(C$_6$F$_5$)$_4$] serves as a proton source, in which a cationic zinc-species (**38**) is formed (Scheme I).

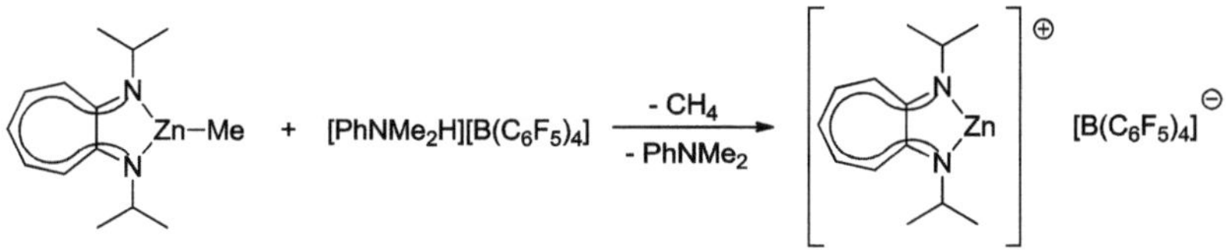

2b **38**

Scheme I: Possible formation of the active species.

The reaction of **2b** with 4,4`-diphenyl-2,2`-bipyridine and $[PhNMe_2H][B(C_6F_5)_4]$ in toluene shows the 4,4'-diphenyl-2,2`-bipyridine stabilized zinc cation **39** in ESI-MS spectroscopy, where the weakly coordinating anion $[B(C_6F_5)_4]^-$ can also be detected (Scheme II).

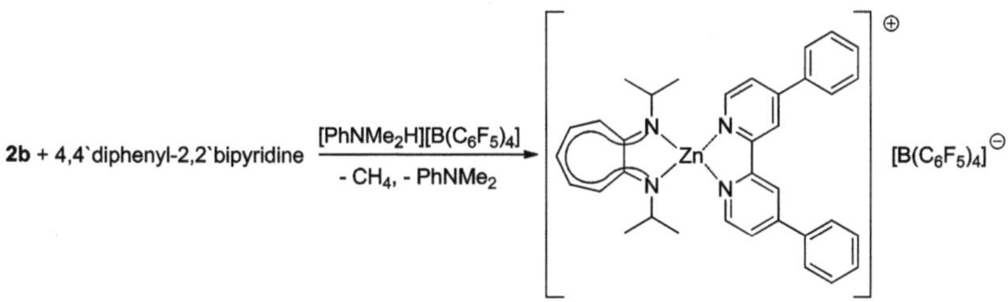

39

Scheme II: Reaction of **2b** with 4,4`-diphenyl-2,2`-bipyridine and $[PhNMe_2H][B(C_6F_5)_4]$.

The C_6F_5-unit transfer from boron to the zinc atom in zinc-calixarene complexes observed by *Vigalok et al.*, has also been detected by ESI-MS spectroscopy in the reaction of **2b** with $[PhNMe_2H][B(C_6F_5)_4]$ in toluene at room temperature. After a certain reaction time, the catalytical active zinc species **38** is transformed into **42** followed by deactivation (Scheme III). Compound **42** can be synthesized and characterized by the reaction of the neutral ligand H{ATI(*i*Pr)$_2$} (**2a**) and bis(pentafluorophenyl)zinc in toluene.

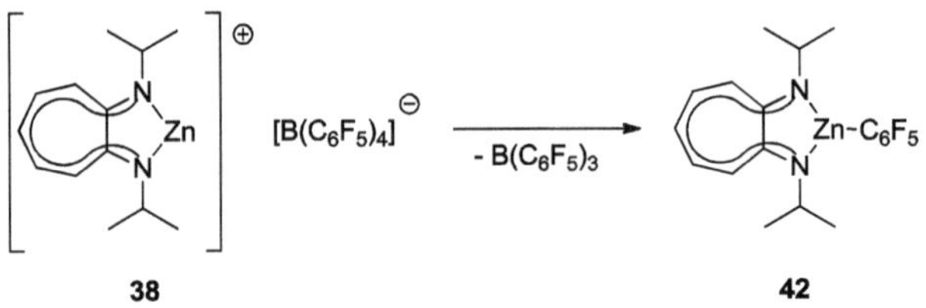

Scheme III: Possible deactivation of the active species.

The application of decamethyldizincocene (**4**) as a catalyst for the intra- and intermolecular hydroamination reactions of alkynes is the first time that a zinc-zinc bonded compound is investigated for its catalytic activity. The complex is effectively used as a catalyst in a wide range of substrates. It shows a high tolerance towards functional groups such as halides, methoxy- and hydroxy-groups. In the standard reaction of phenylacetylene (**43**) with 2,4,6-trimethylaniline (**44**) (Scheme IV), complex **4** shows an increased activity compared to the catalyst systems reported in the literature. The product **45** can be isolated up to 99 % in the **4**-catalyzed reaction at room temperature after 11.25 hours.

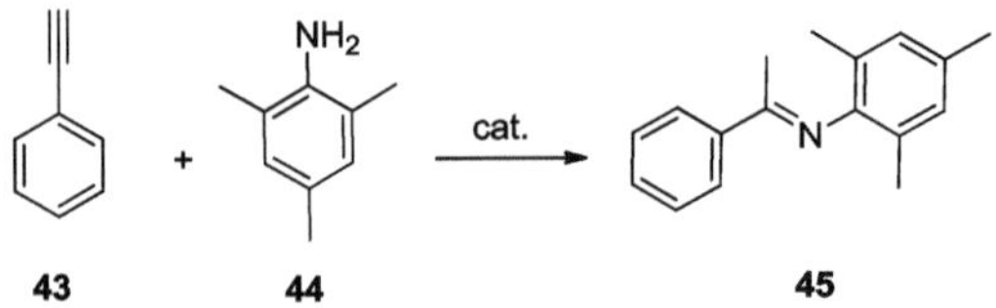

Scheme IV: Catalyzed hydroamination reaction of phenylacetylene (**43**) with 2,4,6-trimethylaniline (**44**).

A comparison of **4** with decamethylzincocene (**3**) and diethylzinc (**61**) as catalysts for intermolecular hydroamination reactions of alkynes shows in all reactions except for the standard reaction higher activities for the complexes **3** and **61**. Both systems are able to catalyze the decamethyldizincocene (**4**) -catalyzed hydroamination reactions in shorter reaction times or at lower reaction temperatures. In all reactions the highest activity was obtained by using decamethylzincocene (**3**) as a catalyst. However, in contrast to decamethyldizincocene (**4**), by using decamethylzincocene (**3**) and diethylzinc (**61**) as catalysts for the intermolecular hydroamination reactions, the formation of the corresponding enamine as a byproduct was more often observed.

The gold complexes {(*S*)-(+)-4,12-bis(diphenyl)-phosphino-[2.2]-paracyclophane}bis-[chlorogold(I)] (**67b**) and {(*S*)-(+)-4,13-bis(diphenyl)-phosphino-[2.2]-paracyclophane}bis-[chlorogold(I)] (**68b**) (Figure I) were successfully used as catalysts for intra- and intermolecular hydroamination of alkynes. There is no insight into the impact of gold-gold interactions on the catalytic activity of the complexes with the results obtained so far. The investigations show different reaction times by using **67b** and **68b** as catalysts, but with the current results a tendency could not be observed.

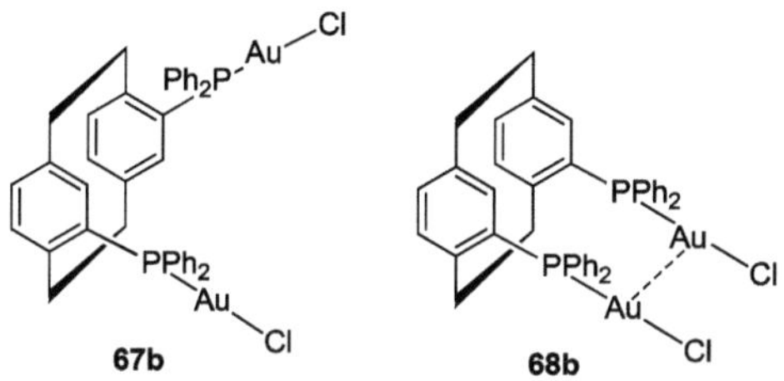

Figure I : {(*S*)-(+)-4,12-bis(diphenyl)-phosphino-[2.2]-paracyclophane}bis[chlorogold(I)] (**67b**) and {(*S*)-(+)-4,13-bis(diphenyl)-phosphino-[2.2]-paracyclophane}bis[chlorogold(I)] (**68b**).

IV. Anhang

1 Abkürzungsverzeichnis

AAV	Allgemeine Arbeitsvorschrift
ATI	Aminotroponimin
ATR	abgeschwächte Totalreflexion
br	verbreitert (broad)
Bn	Benzyl
Bu	Butyl
Cp	Cyclopentadienyl
Cp*	Pentamethylcyclopentadienyl
Cy	Cyclohexyl
d	Duplett
DCM	Dichlormethan
Diphenbipy	4,4`-Diphenyl-2,2`-bipyridin
DMAP	4-Dimethylaminopyridin
DME	1,2-Dimethoxyethan
DMF	N,N-Dimethylformamid
DMSO	Dimethylsufoxid
Dod	Dodecan
Et	Ethyl
Et_2O	Diethylether
h	Stunde(n)
Hz	Hertz
HV	Hochvakuum
i-	iso
IR	Infrarotspektroskopie
J	Kopplungskonstante

Kat.	Katalysator
k.R.	keine Reaktion
L	Ligand
Ln	Lanthanoid
m	Multiplett
Me	Methyl
min	Minute(n)
MS	Massenspektrometrie
MTBE	Methyl-*tert*-butylether
n-	normal
NMR	Kernmagnetische Resonanz
NP	Nebenprodukt
p-	para
Pent	Pentyl
Ph	Phenyl
Pr	Propyl
Py	Pyridinyl
ppm	parts per million
quant.	quantitativ
R	(organischer) Rest
RT	Raumtemperatur
s	Singulett
sept.	Septett
t	Triplett
THF	Tetrahydrofuran
THT	Tetrahydrothiophen
X	Halogenid

2 Literaturverzeichnis

[1] J.-J. Brunet, D. Neibecker, in *Catalytic Heterofunctionalization*, Wiley-VCH Verlag GmbH, **2001**, pp. 91.

[2] a) I. Aillaud, J. Collin, J. Hannedouche, E. Schulz, *Dalton Trans.* **2007**, 5105; b) K. C. Hultzsch, *Adv. Synth. Catal.* **2005**, *347*, 367; c) M. Nobis, B. Drießen-Hölscher, *Angew. Chem.* **2001**, *113*, 4105; d) P. W. Roesky, T. E. Müller, *Angew. Chem.* **2003**, *115*, 2812; e) F. Pohlki, S. Doye, *Chem. Soc. Rev.* **2003**, *32*, 104; f) I. Bytschkov, S. Doye, *Eur. J. Org. Chem.* **2003**, *2003*, 935; g) D. M. Roundhill, *Chem. Rev.* **1992**, *92*, 1; h) T. E. Müller, K. C. Hultzsch, M. Yus, F. Foubelo, M. Tada, *Chem. Rev.* **2008**, *108*, 3795; i) M. Johannsen, K. A. Jørgensen, *Chem. Rev.* **1998**, *98*, 1689; j) T. E. Müller, M. Beller, *Chem. Rev.* **1998**, *98*, 675; k) S. Hong, T. J. Marks, *Acc. Chem. Res.* **2004**, *37*, 673.

[3] M. Nobis, B. Drießen-Hölscher, *Angew. Chem. Int. Ed.* **2001**, *40*, 3983.

[4] a) R. A. Widenhoefer, X. Han, *Eur. J. Org. Chem.* **2006**, *2006*, 4555; b) M. C. Wood, D. C. Leitch, C. S. Yeung, J. A. Kozak, L. L. Schafer, *Angew. Chem.* **2007**, *119*, 358; c) D. Riegert, J. Collin, A. Meddour, E. Schulz, A. Trifonov, *J. Org. Chem.* **2006**, *71*, 2514; d) D. V. Gribkov, K. C. Hultzsch, F. Hampel, *J. Am. Chem. Soc.* **2006**, *128*, 3748; e) B. D. Stubbert, T. J. Marks, *J. Am. Chem. Soc.* **2007**, *129*, 6149.

[5] A. Ates, C. Quinet, *Eur. J. Org. Chem.* **2003**, *2003*, 1623.

[6] G. P. Pez, J. E. Galle, *Pure Appl. Chem.* **1985**, 1917.

[7] B. W. Howk, E. L. Little, S. L. Scott, G. M. Whitman, *J. Am. Chem. Soc.* **1954**, *76*, 1899.

[8] R. Wegler, G. Pieper, *Chem. Ber.* **1950**, *83*, 1.

[9] J. Seayad, A. Tillack, C. G. Hartung, M. Beller, *Adv. Synth. Catal.* **2002**, *344*, 795.

[10] G. Jeske, H. Lauke, H. Mauermann, P. N. Swepston, H. Schumann, T. J. Marks, *J. Am. Chem. Soc.* **1985**, *107*, 8091.

[11] M. R. Gagne, T. J. Marks, *J. Am. Chem. Soc.* **1989**, *111*, 4108.

[12] S. Tobisch, *J. Am. Chem. Soc.* **2005**, *127*, 11979.

[13] E. W. Stern, M. L. Spector, *Proc. Chem. Soc. London* **1961**, 370.

[14] A. Panunzi, A. De Renzi, G. Paiaro, *J. Am. Chem. Soc.* **1970**, *92*, 3488.

[15] E. D. Edstrom, Z. Jones, *Tetrahedron Lett.* **1995**, *36*, 7039.

[16] a) G. b. Kovács, A. Lledós, G. Ujaque, *Organometallics* **2010**, *29*, 5919; b) G. Kovács, G. Ujaque, A. Lledós, *J. Am. Chem. Soc.* **2008**, *130*, 853.

[17] a) J. Barluenga, A. M. Bayon, J. Perez-Prieto, G. Asensio, *Tetrahedron* **1984**, *40*, 5053; b) R. Pathak, P. Naicker, W. A. Thompson, M. A. Fernandes, C. B. de Koning, W. A. L. van Otterlo, *Eur. J. Org. Chem.* **2007**, *2007*, 5337.

[18] L. S. Hegedus, B. M. i. Trost, I. Fleming, *Comp. Org. Synth.* **1991**, 552.

[19] A. F. Holleman, E. Wiberg, *Lehrbuch der Anorganischen Chemie*, Walter de Gruyter, Berlin, **1995**.

[20] E. Frankland, *Liebigs Ann. Chem.* **1849**, *71*, 171.

[21] a) P. Knochel, J. J. Almena Perea, P. Jones, *Tetrahedron* **1998**, *54*, 8275; b) A. O. King, N. Okukado, E.-i. Negishi, *J. Chem. Soc., Chem. Commun.* **1977**, 683.

[22] P. Knochel, R. D. Singer, *Chem. Rev.* **1993**, *93*, 2117.

[23] a) R. Ocampo, W. R. Dolbier Jr, *Tetrahedron* **2004**, *60*, 9325; b) A. Fürstner, *Synthesis* **1989**, *1989*, 571; c) K. Soai, M. Okudo, M. Okamoto, *Tetrahedron Lett.* **1991**, *32*, 95; d) E. Negishi, *Acc. Chem. Res.* **1982**, *15*, 340.

[24] D. Lloyd, *Non-Benzenoid Conjugated Carbocyclic Compounds*, Elsevier, Amsterdam, **1984**.

[25] a) R. E. Benson, *J. Am. Chem. Soc.* **1960**, *82*, 5948; b) W. R. Brasen, H. E. Holmquist, R. E. Benson, *J. Am. Chem. Soc.* **1960**, *82*, 995; c) W. R. Brasen, H. E. Holmquist, R. E. Benson, *J. Am. Chem. Soc.* **1961**, *83*, 3125; d) W. D. Phillips, R. E. Benson, *J. Chem. Phys.* **1960**, *33*, 607.

[26] H. V. R. Dias, W. Jin, Z. Wang, *Inorg. Chem.* **1996**, *35*, 6074.

[27] a) H. V. R. Dias, W. Jin, R. E. Ratcliff, *Inorg. Chem.* **1995**, *34*, 6100; b) E. Ihara, V. G. Young, R. F. Jordan, *J. Am. Chem. Soc.* **1998**, *120*, 8277.

[28] H. V. R. Dias, Z. Wang, W. Jin, *Coord. Chem. Rev.* **1998**, *176*, 67.

[29] a) D. P. Steinhuebel, S. J. Lippard, *Organometallics* **1998**, *18*, 109; b) D. P. Steinhuebel, S. J. Lippard, *Inorg. Chem.* **1999**, *38*, 6225.

[30] T. Li, J. Jenter, P. W. Roesky, *Struct. Bond.* **2010**, *137*, 165.

[31] S. Datta, P. W. Roesky, S. Blechert, *Organometallics* **2007**, *26*, 4392.

[32] W. v. E. Doering, C. F. Hiskey, *J. Am. Chem. Soc.* **1952**, *74*, 5688.

[33] M. Baya, P. Soulounganga, E. Gelhaye, P. Gérardin, *Pest Manage. Sci.* **2001**, *57*, 833.

[34] H. Meerwein, P. Borner, O. Fuchs, H. J. Sasse, H. Schrodt, J. Spille, *Chem. Ber.* **1956**, *89*, 2060.

[35] J. Jenter, A. Lühl, P. W. Roesky, S. Blechert, *J. Organomet. Chem.* **2011**, *696*, 406.

[36] D. J. Darensbourg, M. W. Holtcamp, *Macromolecules* **1995**, *28*, 7577.

[37] a) D. R. Moore, M. Cheng, E. B. Lobkovsky, G. W. Coates, *Angew. Chem.* **2002**, *114*,

2711; b) M. Cheng, E. B. Lobkovsky, G. W. Coates, *J. Am. Chem. Soc.* **1998**, *120*, 11018; c) M. Cheng, N. A. Darling, E. B. Lobkovsky, G. W. Coates, *Chem. Commun.* **2000**, 2007.

[38] a) J.-S. Herrmann, G. A. Luinstra, P. W. Roesky, *J. Organomet. Chem.* **2004**, *689*, 2720; b) P. W. Roesky, *Chem. Soc. Rev.* **2000**, *29*, 335.

[39] A. Zulys, M. Dochnahl, D. Hollmann, K. Löhnwitz, J.-S. Herrmann, P. W. Roesky, S. Blechert, *Angew. Chem.* **2005**, *117*, 7972.

[40] a) R. Fernández, A. Grirrane, I. Resa, A. Rodríguez, E. Carmona, E. Álvarez, E. Gutiérrez-Puebla, Á. Monge, J. M. López del Amo, H.-H. Limbach, A. Lledós, F. Maseras, D. del Río, *Chem. Eur. J.* **2009**, *15*, 924; b) A. Grirrane, I. Resa, A. Rodriguez, E. Carmona, E. Alvarez, E. Gutierrez-Puebla, A. Monge, A. Galindo, D. del Río, R. A. Andersen, *J. Am. Chem. Soc.* **2006**, *129*, 693.

[41] J. Thiele, *Ber. Dtsch. Chem. Ges.* **1901**, *34*, 68.

[42] a) T. J. Kealey, L. P. Pauson, *Nature* **1951**, *169*, 1039; b) S. A. Miller, J. A. Tebboth, J. F. Tremaine, *J. Chem. Soc.* **1952**, 632.

[43] C. Elschenbroich, F. Hensel, H. Hopf, *Organometallchemie, Vol. 5*, B. G. Teubner, GWV Fachverlage GmbH, Wiesbaden, **2005**.

[44] E. O. Fischer, H. P. Hofmann, A. Treiber, *Z. Naturforschung* **1959**, *14b*, 599.

[45] J. Lorberth, *J. Organomet. Chem.* **1969**, *19*, 189.

[46] P. H. M. Budzelaar, J. Boersma, G. J. M. van der Kerk, A. L. Spek, A. J. M. Duisenberg, *J. Organomet. Chem.* **1985**, *281*, 123.

[47] A. Haaland, S. Samdal, N. V. Tverdova, G. V. Girichev, N. I. Giricheva, S. A. Shlykov, O. G. Garkusha, B. V. Lokshin, *J. Organomet. Chem.* **2003**, *684*, 351.

[48] B. Fischer, P. Wijkens, J. Boersma, G. van Koten, W. J. J. Smeets, A. L. Spek, P. H. M. Budzelaar, *J. Organomet. Chem.* **1989**, *376*, 223.

[49] J. T. B. H. Jastrzebski, J. Boersma, G. van Koten, W. J. J. Smeets, A. L. Spek, *Recl. Trav. Chim. Pays-Bas* **1988**, *107*, 263.

[50] a) I. Resa, E. Carmona, E. Gutierrez-Puebla, A. Monge, *Science* **2004**, *305*, 1136; b) I. Resa, E. Álvarez, E. Carmona, *Z. Anorg. Allg. Chem.* **2007**, *633*, 1827.

[51] a) A. S. K. Hashmi, G. J. Hutchings, *Angew. Chem. Int. Ed.* **2006**, *45*, 7896; b) A. S. K. Hashmi, *Angew. Chem. Int. Ed.* **2005**, *44*, 6990.

[52] R. Uson, A. Laguna, M. Laguna, M. N. Fraile, P. G. Jones, G. M. Sheldrick, *J. Chem. Soc., Dalton Trans.* **1986**, 291.

[53] a) D. C. Rosenfeld, S. Shekhar, A. Takemiya, M. Utsunomiya, J. F. Hartwig, *Org.*

Lett. **2006**, *8*, 4179; b) J. P. Markham, S. T. Staben, F. D. Toste, *J. Am. Chem. Soc.* **2005**, *127*, 9708; c) C. Nieto-Oberhuber, M. P. Muñoz, E. Buñuel, C. Nevado, D. J. Cárdenas, A. M. Echavarren, *Angew. Chem.* **2004**, *116*, 2456.

[54] M. Dochnahl, *Dissertation*, Technische Universität Berlin, **2007**.

[55] K. Löhnwitz, *Dissertation*, Freie Universität Berlin, **2008**.

[56] a) M. Dochnahl, J.-W. Pissarek, S. Blechert, K. Löhnwitz, P. W. Roesky, *Chem. Commun.* **2006**, 3405; b) M. Dochnahl, K. Löhnwitz, J.-W. Pissarek, M. Biyikal, S. R. Schulz, S. Schön, N. Meyer, P. W. Roesky, S. Blechert, *Chem. Eur. J.* **2007**, *13*, 6654.

[57] M. Dochnahl, K. Löhnwitz, J.-W. Pissarek, P. W. Roesky, S. Blechert, *Dalton Trans.* **2008**, 2844.

[58] M. Dochnahl, K. Löhnwitz, A. Lühl, J.-W. Pissarek, M. Biyikal, P. W. Roesky, S. Blechert, *Organometallics* **2010**, *29*, 2637.

[59] M. R. Gagne, C. L. Stern, T. J. Marks, *J. Am. Chem. Soc.* **1992**, *114*, 275.

[60] K. Löhnwitz, M. J. Molski, A. Lühl, P. W. Roesky, M. Dochnahl, S. Blechert, *Eur. J. Inorg. Chem.* **2009**, *2009*, 1369.

[61] a) R. M. Beesley, C. K. Ingold, J. F. Thorpe, *J. Chem. Soc., Trans.* **1915**, *107*, 1080; b) C. K. Ingold, *J. Chem. Soc., Trans.* **1921**, *119*, 305; c) M. E. Jung, J. Gervay, *J. Am. Chem. Soc.* **1991**, *113*, 224; d) M. E. Jung, G. Piizzi, *Chem. Rev.* **2005**, *105*, 1735.

[62] D. Hollmann, *Diplomarbeit*, Technische Universität Berlin, **2005**.

[63] P. G. Hayes, W. E. Piers, M. Parvez, *J. Am. Chem. Soc.* **2003**, *125*, 5622.

[64] N. Kotzen, I. Goldberg, A. Vigalok, *Organometallics* **2009**, *28*, 929.

[65] D. Schuchmann, U. Westphal, S. Schulz, U. Flörke, D. Bläser, R. Boese, *Angew. Chem.* **2009**, *121*, 821.

[66] X. Zeng, G. Frey, S. Kousar, G. Bertrand, *Chem. Eur. J.* **2009**, *15*, 3056.

[67] K. Weitershaus, B. D. Ward, R. Kubiak, C. Müller, H. Wadepohl, S. Doye, L. H. Gade, *Dalton Trans.* **2009**, 4586.

[68] G. V. Shanbhag, K. Palraj, S. B. Halligudi, *Open Org. Chem. J.* **2008**, *2*, 52.

[69] G. V. Shanbhag, T. Joseph, S. B. Halligudi, *J. Catal.* **2007**, *250*, 274.

[70] G. V. Shanbhag, S. M. Kumbar, T. Joseph, S. B. Halligudi, *Tetrahedron Lett.* **2006**, *47*, 141.

[71] E. Mizushima, T. Hayashi, M. Tanaka, *Org. Lett.* **2003**, *5*, 3349.

[72] A. Lühl, H. Pada Nayek, S. Blechert, P. W. Roesky, *Chem. Commun.* **2011**, *47*, 8280.

[73] J.-W. Pissarek, D. Schlesiger, P. W. Roesky, S. Blechert, *Adv. Synth. Catal.* **2009**, *351*, 2081.

[74] C. F. Bender, R. A. Widenhoefer, *J. Am. Chem. Soc.* **2005**, *127*, 1070.

[75] C. F. Bender, W. B. Hudson, R. A. Widenhoefer, *Organometallics* **2008**, *27*, 2356.

[76] Z. Li, Y. Dong, A. Qin, J. W. Y. Lam, Y. Dong, W. Yuan, J. Sun, J. Hua, K. S. Wong, B. Z. Tang, *Macromolecules* **2005**, *39*, 467.

[77] K. Fuji, T. Morimoto, K. Tsutsumi, K. Kakiuchi, *Chem. Commun.* **2005**, 3295.

[78] H. Kim, T. Livinghouse, P. H. Lee, *Tetrahedron* **2008**, *64*, 2525.

[79] J. A. Bexrud, P. Eisenberger, D. C. Leitch, P. R. Payne, L. L. Schafer, *J. Am. Chem. Soc.* **2009**, *131*, 2116.

[80] M. Dochnahl, K. Löhnwitz, J.-W. Pissarek, M. Biyikal, S. R. Schulz, S. Schön, N. Meyer, P. W. Roesky, S. Blechert, *Chem. Eur. J.* **2007**, *13*, 6654.

[81] N. Meyer, K. Löhnwitz, A. Zulys, P. W. Roesky, M. Dochnahl, S. Blechert, *Organometallics* **2006**, *25*, 3730.

[82] Y. Li, T. J. Marks, *J. Am. Chem. Soc.* **1996**, *118*, 9295.

[83] R. Torregrosa, I. M. Pastor, M. Yus, *Tetrahedron* **2005**, *61*, 11148.

[84] J. Barluenga, M. A. Fernández, F. Aznar, C. Valdés, *Chem. Eur. J.* **2004**, *10*, 494.

[85] T. Imamoto, N. Iwadate, K. Yoshida, *Org. Lett.* **2006**, *8*, 2289.

[86] X.-Y. Liu, P. Ding, J.-S. Huang, C.-M. Che, *Org. Lett.* **2007**, *9*, 2645.

[87] K. P. G. V. Shanbhag, S. B. Halligudi, *Open Org. Chem. J.* **2008**, *2*, 52.

[88] Z. Han, Z. Wang, X. Zhang, K. Ding, *Angew. Chem. Int. Ed.* **2009**, *48*, 5345.

[89] A. R. Katritzky, X. Lan, J. N. Lam, *Chem. Ber.* **1991**, *124*, 1431.

[90] Y. Kuninobu, Y. Nishina, T. Matsuki, K. Takai, *J. Am. Chem. Soc.* **2008**, *130*, 14062.

[91] A. Tillack, V. Khedkar, H. Jiao, M. Beller, *Eur. J. Org. Chem.* **2005**, *2005*, 5001.

[92] A. Leyva, A. Corma, *Adv. Synth. Catal.* **2009**, *351*, 2876.

[93] H. Naeimi, F. Salimi, K. Rabiei, *J. Mol. Catal. A: Chem.* **2006**, *260*, 100.

[94] G. M. Sheldrick, *SHELXS-97*, Program for Crystal Structure Solution, Universität Göttingen, **1997**.

[95] G. M. Sheldrick, *SHELXL-97*, Program for Crystal Structure Refinement, Universität Göttingen, **1997**.

[96] L. J. Farrugia, *J. Appl. Cryst.* **1999**, *32*, 837.

[97] *X-Step32*, Version 1.07b, Stoe & Cie GmbH, Darmstadt, **2000**.

[98] K. Brandenburg, *DIAMOND3.2c*, Visual Crystal Structure Information System, Crystal Impact, Bonn, **2009**.

3 Persönliche Angaben

3.1 Lebenslauf

Name	Anja Lühl
Geburtsdatum	07.10.1979
Geburtsort	Berlin
Eltern	Hans-Günther Becker-Lühl und Jutta Lühl
Staatsangehörigkeit	deutsch
Familienstand	ledig

Schulausbildung

1987 – 1993	Sternberg-Grundschule
1993 – 1995	Rückert-Gymnasium
1995 – 1998	Schadow-Oberschule
1998 – 2000	Dreilinden-Oberschule

Hochschulausbildung

10/2000 – 05/2008	Chemiestudium an der Freien Universität Berlin mit Abschluss als Diplomchemiker (Note 1.3).
09/2007 – 05/2008	Diplomarbeit (Note 1.0) im Arbeitskreis von Prof. Dr. Siegfried Blechert, Technische Universität Berlin, Thema "Synthese enantiomerenreiner Ruthenium-Komplexe"
Seit 06/2008	Promotion am Institut für Anorganische Chemie des Karlsruher Instituts für Technologie (KIT) unter Anleitung von Prof. Dr. Peter W. Roesky. Tätigkeit als Assistent im anorganisch chemischen Grundpraktikum und Fortgeschrittenenpraktikum.

3.2 Publikationen

1. ***"Aminotroponiminate zinc complexes with different leaving groups as catalysts for the intramolecular hydroamination of alkenes"***
K. Löhnwitz, M. J. Molski, A. Lühl, P. W. Roesky, M. Dochnahl, S. Blechert, *Eur. J. Inorg. Chem.*, **2009**, 1369-1375.

2. ***"Functionalized aminotroponiminate zinc complexes as catalysts for the intramolecular hydroamination of alkenes"***
M. Dochnahl, K. Löhnwitz, A. Lühl, J.-W. Pissarek, M. Biyikal, P. W. Roesky, S. Blechert, *Organometallics*, **2010**, 2637–2645.

3. ***"Highly Active Chiral Ruthenium-Based Metathesis Catalysts through a Monosubstitution in the N-Heterocyclic Carbene"***
S. Tiede, A. Berger, D. Schlesinger, D. Rost, A. Lühl, S. Blechert, *Angew. Chem. Int. Ed.*, **2010**, 3972-3975.

4. ***"Aminotroponiminate Zinc(I) Complexes: Syntheses and Spectroscopic Analyses"***
H. P. Nayek, A. Lühl, S. Schulz, R. Köppe, P. W. Roesky, *Chem. Eur. J.*, **2011**, 1773-1777.

5. ***"Aminotroponiminate Zinc Complexes as Catalysts for the Intramolecular Hydroamination "***
J. Jenter, A. Lühl, P. W. Roesky, S. Blechert, *JOC*, **2011**, 406-418.

6. ***"Zinc-Zinc Bonded $Zn_2(\eta^5\text{-}C_5Me_5)_2$ as Catalyst for the Hydroamination Catalysis "***
A. Lühl, H. P. Nayek, S. Blechert, P. W. Roesky, *Chem. Commun.*, **2011**, 8280-8282.

3.3 Poster

1. ***"Development of Novel Ruthenium Catalysts for Enantioselective Olefinmetathesis"***
   D. Rost, S. Thiede, S. Eibauer, A. Lühl, S. Blechert, **2009**.

2. ***"New Typs of Chiral Ruthenium Catalysts for Enantioselective Metathesis Reaktions"***
   D. Rost, S. Thiede, S. Eibauer, A. Lühl, S. Blechert, **2009**.

3. ***"Zinc-Zinc Bonded $Zn_2(\eta^5\text{-}C_5Me_5)_2$ as Catalyst for the Hydroamination Catalysis"***
   A. Lühl, H. P. Nayek, S. Blechert, P. W. Roesky, GRS + GRC, Newport RI, **2011**.

4. ***"Zinc-Zinc Bonded $Zn_2(\eta^5\text{-}C_5Me_5)_2$ as Catalyst for the Hydroamination Catalysis"***
   A. Lühl, H. P. Nayek, S. Blechert, P. W. Roesky, ISHHC XV., Berlin, **2011**.

3.4 Vorträge

1. ***"Zinkkatalysierte Hydroaminierung von Olefinen"***
   Wissenschaftliches anorganisches Kolloquium, Hirschegg, **2009**.

Danksagung

Ein ganz besonderer Dank gilt Herrn Professor Dr. Peter W. Roesky für die Aufnahme in seiner Arbeitsgruppe, die interessante Aufgabenstellung und die hervorragende Betreuung während meiner Arbeit.

Herrn Professor Dr. Christopher Barner-Kowollik danke ich für die bereitwillige Übernahme des Zweitgutachtens.

Herrn Professor Dr. Siegfried Blechert und seiner Arbeitsgruppe danke ich für die außerordentlich gute wissenschaftliche Kooperation und die vielen wissenschaftlichen Anregungen während meiner Arbeit.

Sebastian Marks, Jochen Kratsch, Karolin Löhnwitz und Paul Benndorf danke ich für das Korrekturlesen meiner Arbeit und ihre hilfreichen Anregungen. Desweiteren möchte ich mich bei Larissa Hartenstein für ihre tatkräftige Unterstützung im Labor herzlich bedanken.

Den Mitarbeitern Frau Berberich, Monika Kayas, Angela Pendl, Sibylle Schneider, Petra Smie, Gabriele Leichle, Dr. Michael Gamer, Herrn Müller, Herrn Munshi und Herrn Rieß danke ich für ihre Hilfsbereitschaft und die engagierte Arbeit.

Insbesondere danke ich Denise Girnt, Dominique Thielemann, Nicholas Arleth und Tanja Wolfer für die schönen Jahre als Laborpartner und Arbeitskollegen sowie die vielen anregenden und aufbauenden Gespräche.

Ein besonderer Dank gilt all meinen Arbeitskollegen, die mir in den Jahren mit viel Freundlichkeit und einer tollen Arbeitsatmosphäre eine angenehme Zeit bereitet haben.

Mein ganz besonderer Dank gilt meiner Familie, meinen Eltern Jutta und Hans-Günther, meinem Bruder Lars und meinem Freund Sebastian Mäckel, die in all den Jahren immer für mich da waren und mich stets in allem liebevoll unterstützt haben.